Astronomie

Lehrbuch für Klasse 10

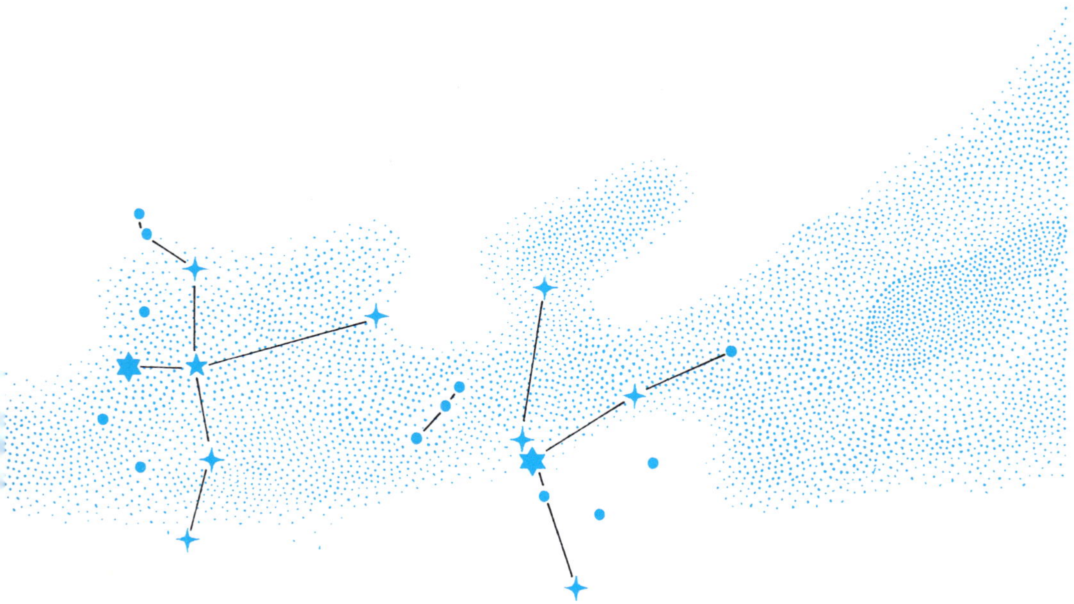

Volk und Wissen Verlag GmbH
Berlin

Autoren:
Dr. Helmut Bernhard (Abschnitte 1, 3, 6, 9, 10)
Helmut Kühnhold (Abschnitt 11)
Dr. Klaus Lindner (Abschnitte 7, 8, 9, 10)
Klaus Ullerich (Abschnitte 2, 4, 5, 10)

Leiter der Autorengruppe: Dr. Klaus Lindner

Redaktion: Werner Golm, Bettina Rosenkranz

ISBN 3-06-081007-9

1. Auflage
5 4 3 / 95 94
Alle Drucke dieser Auflage sind unverändert und im Unterricht parallel nutzbar. Die letzte Zahl bedeutet das Jahr dieses Druckes.

Printed in Germany
Satz und Repro: Dresdner Druck- und Verlagshaus GmbH
Druck und Binden: Chemnitzer Verlag und Druck GmbH

Illustrationen: Karl-Heinz Wieland
Einband: Manfred Behrendt
Typografische Gestaltung: Manfred Behrendt

Inhalt

Im Lehrbuch verwendete Symbole

▶ Merksätze
■ Beispiele
① Fragen und Aufträge
↗ siehe

Bild 5/1 In jeder klaren Nacht werden in den Sternwarten der Welt die großen Fernrohre zum Himmel gerichtet, um die Erkenntnisse über das Weltall zu erweitern und zu vertiefen. Ein breiter Strom von Beobachtungsdaten muß ausgewertet werden.

Einführung in die Astronomie

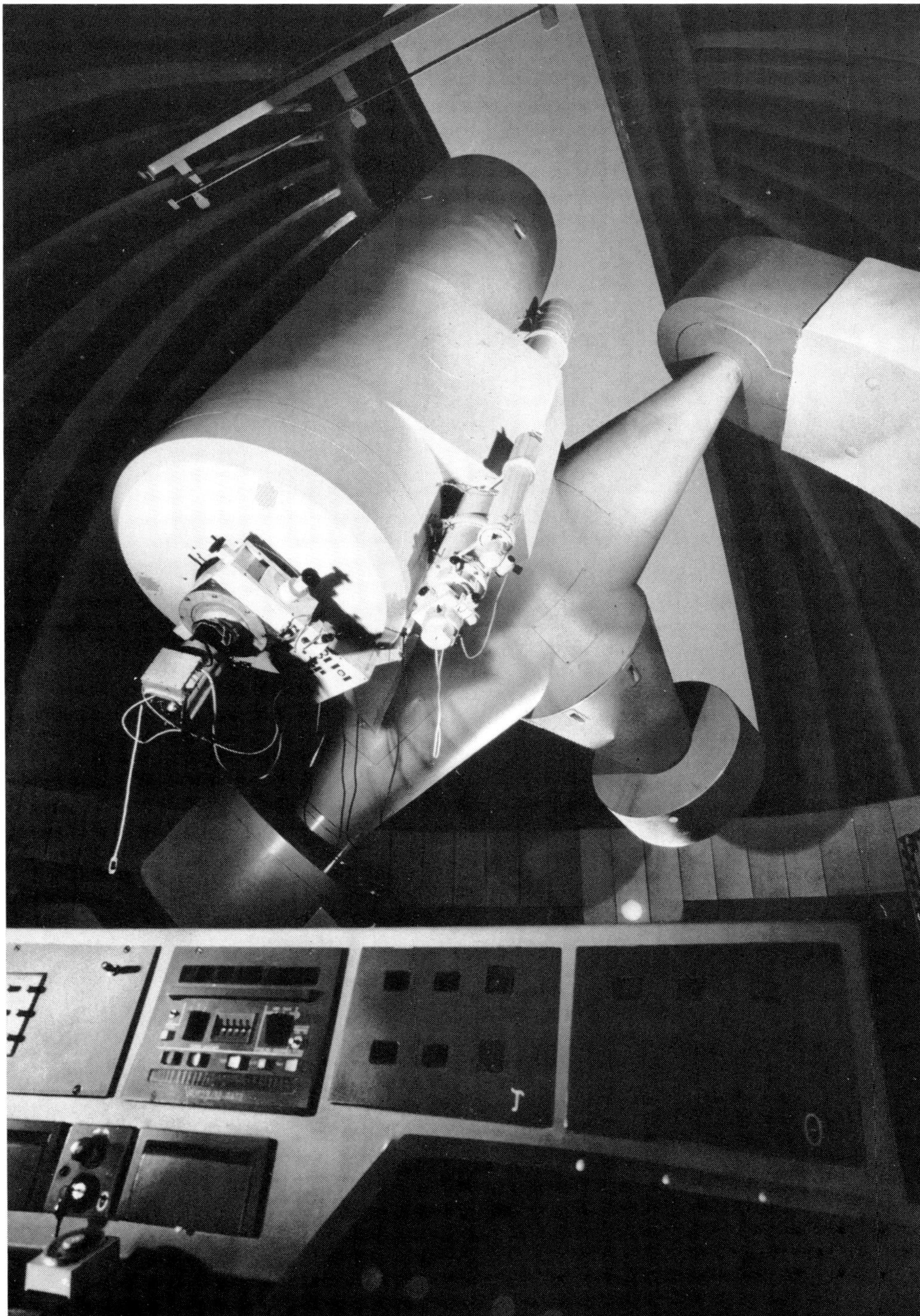

Aufgaben und Forschungsmethoden 1

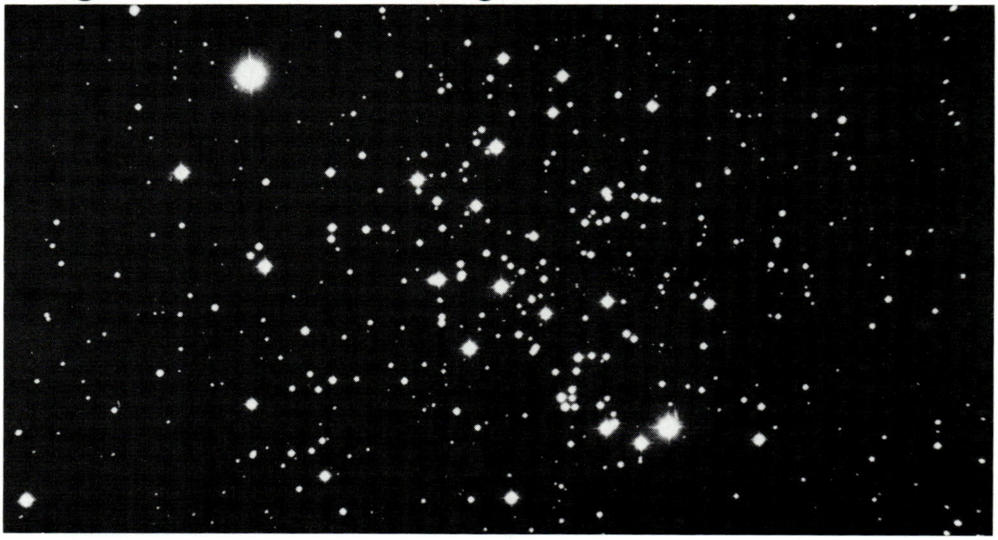

Seit Jahrtausenden übt der Sternhimmel einen faszinierenden Eindruck auf die Menschen aus. Wer sich mit der Astronomie beschäftigt, fragt zunächst nach den Aufgaben sowie nach dem praktischen Nutzen dieser Wissenschaft und will auch wissen, wie die Astronomen das Weltall, den Kosmos, erforschen.

Entstehung der Astronomie

Die Astronomie ist eine der ältesten Naturwissenschaften. Bereits vor einigen tausend Jahren beobachteten Babylonier, Ägypter und Menschen anderer Völker den Sternhimmel. Diese Tätigkeit war für das praktische Leben notwendig.

Bild 6/2 Der „runde Tierkreis" an der Decke des Tempels von Dendera in Ägypten z. Z. des PTOLEMÄUS. Mit Hilfe der Sternbilder des Tierkreises konnte man nachts die Zeit bestimmen.

So diente der tägliche Lauf der Sonne zur **Zeiteinteilung**, die den Lebensrhythmus der Menschen bestimmte. Genaue Kenntnisse über den Zeitablauf waren für die Festlegung der Termine zur Bewässerung der Felder, zur Aussaat und Ernte erforderlich. Durch die ägyptische Astronomie wurden die Voraussetzungen geschaffen, die Perioden der Nilüberschwemmungen zu berechnen. Auf dem Wissen über die regelmäßige Änderung der Stellung von Sonne und Mond am Sternhimmel beruht die Einführung der ersten **Kalender** (Bild 6/2). So bezog sich der Kalender der Sumerer auf die Mondphasen. Für die Seefahrt und den damit verbundenen Handel, wie ihn z. B. die Phönizier betrieben, war die **Orientierung** am Sternhimmel unentbehrlich. ①

Aufgaben der Astronomie in der Gegenwart

Bis zum 19. Jahrhundert bestimmten die Astronomen vor allem die Sternörter, studierten die Bewegung der Himmelskörper und entdeckten die dafür geltenden Naturgesetze. Weit verbreitet war die Auffassung: Die Himmelskörper sind erschaffen worden, sie sind unveränderlich und existieren ewig. Der Gedanke

Bild 7/1 Karl-Schwarzschild-Observatorium Tautenburg

① Erläutern Sie, daß im Altertum Erkenntnisse der Astronomie Bedeutung für das Leben der Menschen hatten!

von der Entwicklung der Himmelskörper setzte sich erst in unserem Jahrhundert endgültig durch. Die Astronomen begannen mit der Erforschung kosmischer Entwicklungsprozesse.

Die moderne Astronomie erforscht die Eigenschaften, den Aufbau, die Bewegung, die Entstehung und die Entwicklung kosmischer Objekte, wie Planeten, Sterne, Galaxien. Außerdem studiert sie die Struktur und die Entwicklung des beobachtbaren Teils des Weltalls (Bild 7/1). Dabei entwickelt sich ein Zusammenwirken zwischen Astronomie, Physik, Chemie und anderen Naturwissenschaften. Hochenergiephysiker beschäftigen sich z. B. mit Entwicklungsprozessen in der Frühphase unseres Weltalls. Auch Arbeitsmethoden von Wissenschaften zum Studium unserer Erde finden immer breitere Anwendung bei der Erkundung des Weltalls. Geologen, Mineralogen, Geophysiker und Meteorologen untersuchen u. a. die Atmosphären, die Oberflächen und das Innere benachbarter Himmelskörper.

Die Astronomie und andere Naturwissenschaften erforschen heute in enger Zusammenarbeit die Gesetzmäßigkeiten der Vorgänge vom Erdinnern bis in die Weiten des Kosmos. Diese Wissenschaften besitzen mit dem Weltraum das größte Laboratorium, in dem Prozesse unter Bedingungen ablaufen, die auf der Erde noch nicht oder überhaupt nicht zu verwirklichen sind. Wesentliche Erkenntnisse, die dabei gewonnen werden, tragen zur Bestätigung und Entwicklung unseres wissenschaftlichen Weltbildes bei und haben z. T. große praktische Bedeutung. So ist z. B. die Erkenntnis des Ablaufs der Energieumwandlung im Sterninnern eine Voraussetzung dafür, in nicht zu ferner Zeit die Energieversorgung der Menschheit entscheidend zu erhöhen. ①

Beobachtung – wichtige Methode der astronomischen Forschung

Für die Astronomen ist die **Beobachtung** eine der wichtigsten Methoden, um Informationen über die Himmelskörper zu gewinnen. Die Beobachtungsdaten werden unter Beachtung der Naturgesetze mit mathematischen Verfahren ausgewertet. Ob dabei gewonnene Erkenntnisse richtig oder falsch sind, kann nur durch weitere Beobachtungen geprüft werden. Diese Arbeitsweise beruht auf der begründeten Annahme, daß unter gleichen Bedingungen im Weltall und auf der Erde die gleichen Naturgesetze wirken. Ständig erhöht sich die Anzahl der Beobachtungsdaten, und gleichzeitig wächst der Umfang der theoretischen Untersuchungen in der astronomischen Forschung. ②

Bis zum Mittelalter beobachteten die Astronomen den Sternhimmel mit bloßem Auge und benutzten zu Messungen einfache Geräte. Sie vollbrachten dabei bedeutende Leistungen. Der dänische Astronom TYCHO BRAHE (1546 bis 1601) beobachtete den Lauf der Sonne so genau, daß die von ihm dabei bestimmte Dauer eines Jahres nur um eine Sekunde von dem mit modernen Instrumenten bestimmten Wert abweicht. Mit der Anwendung des Fernrohrs in der Astronomie durch den Italiener GALILEO GALILEI (1564 bis 1642) und andere Gelehrte um 1600 erweiterten sich die Beobachtungsmöglichkeiten der Astronomie. Mit dem Fernrohr erhält der Beobachter vergrößerte (und umgekehrte) Bilder der Himmelskörper, wobei auf der Sonne, auf dem Mond und auf den Planeten zahlreiche Einzelheiten erkennbar werden. Mit dem Fernrohr sind auch sehr lichtschwache

Bild 9/1 Spiegelteleskop im Karl-Schwarzschild-Observatorium Tautenburg

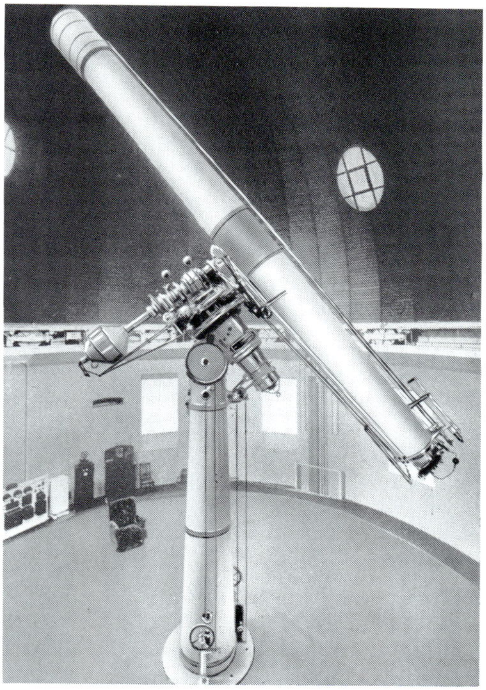

Bild 9/2 Linsenfernrohr der Sternwarte Potsdam-Babelsberg

Bild 9/3 Aufnahme des Kugelsternhaufens M 13
a) mit dem Schulfernrohr
b) mit einem großen Instrument

① Beschreiben Sie an drei Beispielen, was die Astronomie erforscht!
② Erläutern Sie, daß die Beobachtung eine wichtige Methode der Astronomen ist!

Objekte sichtbar. Wegen ihrer großen Entfernungen sind Sterne jedoch auch in den größten Fernrohren nur als Lichtpunkte zu sehen.
Bei Himmelsbeobachtungen werden Linsen- und Spiegelfernrohre eingesetzt (Bilder 9/1 und 9/2).
Mit bloßem Auge erblicken wir in unseren Breiten in einer klaren und mondlosen Nacht etwa 3000 Sterne. Mit dem Schulfernrohr werden mehr als 170000 Sterne sichtbar. Mit großen Fernrohren kann man viele Milliarden Sterne beobachten (Bild 9/3). ①

Einige der größten Fernrohre

Linsenfernrohre (Refraktoren)			**Spiegelfernrohre (Reflektoren)**	
Sternwarte	*Objektiv-durchmesser*	*Objektiv-brennweite*	*Sternwarte*	*Objektiv-(Spiegel) durchmesser*
Yerkes (USA)	102 cm	19,4 m	Selentschukskaja (UdSSR)	600 cm
Potsdam	80 cm	12,0 m	Mt. Palomar (USA)	508 cm
Nizza (Frankreich)	76 cm	7,9 m	Tautenburg	200 cm

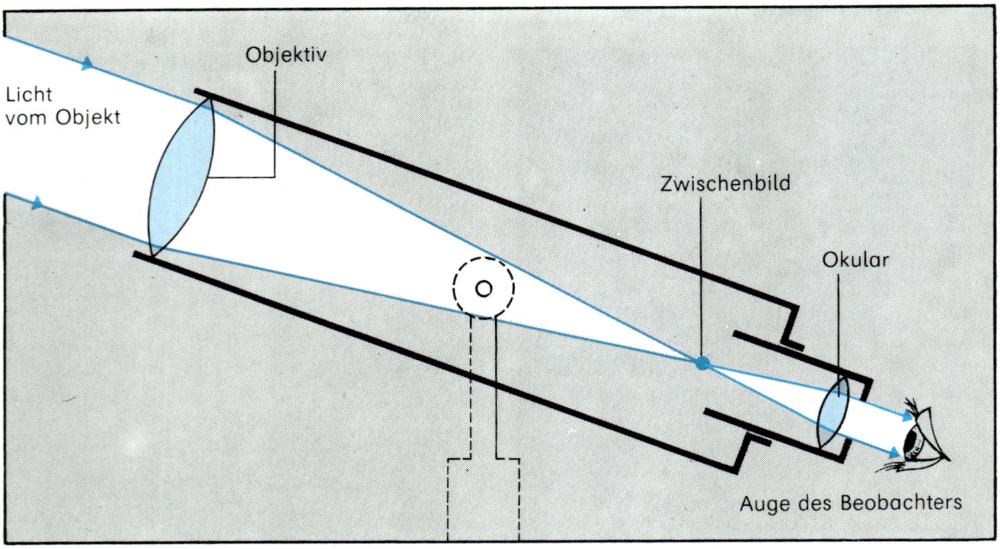

Bild 10/1 Strahlengang im astronomischen Linsenfernrohr

Das astronomische Fernrohr wird angewendet, um vergrößerte und lichtstarke Abbildungen von Himmelskörpern zu erhalten. Beim Linsenfernrohr wirkt das Brechungsgesetz. Dieses Fernrohr besteht aus zwei Sammellinsen, dem Objektiv und dem Okular. Ihr Abstand ist gleich der Summe der Brennweiten der beiden Linsen. Vom weit entfernten Himmelskörper erzeugt das Objektiv ein Zwischenbild. Beim Betrachten des Zwischenbildes durch das Okular wirkt dieses wie eine Lupe, wodurch das Zwischenbild vergrößert wird.

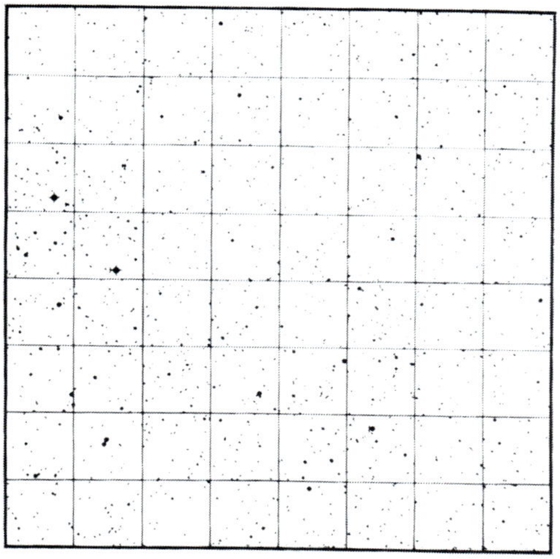

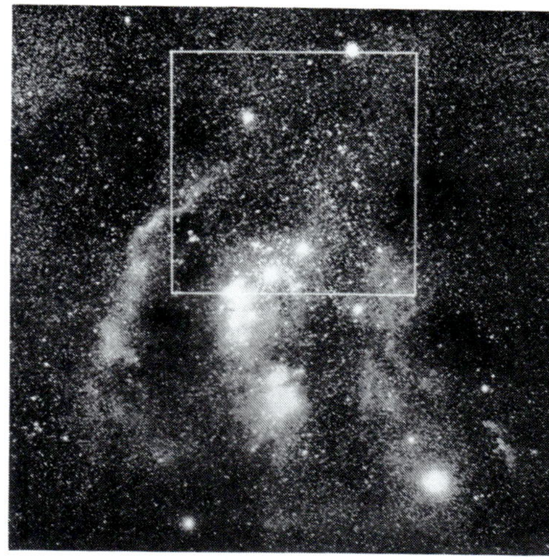

Bild 11/1 Vergleich einer gezeichneten Sternkarte mit einer fotografischen Himmelsaufnahme. Das eingezeichnete Quadrat auf Bild b umgrenzt das Gebiet der Sternkarte.

Das Schulfernrohr Telementor – ein Linsenfernrohr – hat ein Objektiv mit einem Durchmesser von 6,3 cm und einer Brennweite von 0,84 m (Bild 10/1).
Die Leistungsfähigkeit eines Fernrohrs hängt wesentlich vom Durchmesser und von der Brennweite des Objektivs ab. Beide Größen haben Einfluß auf die Vergrößerung und die Lichtstärke der Abbildung.
Mit der Anwendung der **Fotografie** in der astronomischen Forschung seit etwa 1860 ergaben sich neue Beobachtungsmöglichkeiten. Auf Himmelsfotografien werden lichtschwache Objekte und Einzelheiten von kosmischen Gebilden sichtbar, die das Auge, auch am leistungsstärksten Fernrohr, nicht sehen kann (Bild 11/1).
Seit 1950 wird mit Radioteleskopen optisch nicht beobachtbare **Strahlung** aus dem Kosmos systematisch untersucht (Bild 11/2). Der Einsatz von Radioteleskopen in der astronomischen Beobachtung vergrößert die Möglichkeiten zur Un-

Bild 11/2 Radioteleskop RATAN 600, UdSSR

① Beschreiben Sie den Aufbau, und erklären Sie die prinzipielle Wirkungsweise des Linsenfernrohrs!

Einige der größten Radioteleskope

Keine volle Reflektorfläche		**Feste volle Reflektorfläche**		**Bewegliche volle Reflektorfläche**	
Observatorium	*Durchmesser des Reflektors*	*Observatorium*	*Durchmesser des Reflektors*	*Observatorium*	*Durchmesser des Reflektors*
Selentschukskaja (UdSSR)	576 m	Arecibo (Puerto Rico)	305 m	Effelsberg Jodrell Bank (Großbr.)	100 m 76 m

tersuchung des Kosmos wesentlich. So erhalten die Astronomen u. a. Informationen von kosmischen Objekten, die keine sichtbare Strahlung aussenden oder die wegen ihrer großen Entfernungen mit dem Fernrohr nicht beobachtbar sind.
Da die Erdatmosphäre einen Teil der Strahlung aus dem Kosmos absorbiert und streut, sind der irdischen Beobachtung Grenzen gesetzt. Der wissenschaftlich-technische Fortschritt eröffnet jedoch auch der Astronomie neue Perspektiven. Seit dem Beginn der Raumfahrt wird mit Meßgeräten in **Satelliten** auch jene Strahlung kosmischer Objekte gemessen, die nicht zur Erde gelangt.
Raumsonden untersuchen die Mondoberfläche, bringen Mondgestein zur Erde, führen Nah- und Direktuntersuchungen anderer Himmelskörper des Sonnensystems durch.
Mit großen Fernrohren und Radioteleskopen auf der Erde, mit Beobachtungsstationen auf Erdumlaufbahnen und später vielleicht auch auf dem Mond werden die Astronomen neue Entdeckungen machen, unser wissenschaftliches Weltbild erweitern und vertiefen. Diese Erkenntnisse nutzbringend im Dienste des Friedens anzuwenden ist Aufgabe aller verantwortungsbewußten Wissenschaftler.

①

Zusammenfassung

Astronomie	erforscht Eigenschaften, Aufbau, räumliche Bewegung, Entstehung und Entwicklung kosmischer Objekte sowie die Struktur und die Entwicklung des überschaubaren Weltalls; sie ist eine der ältesten Naturwissenschaften
Beobachtung	eine wichtige Arbeitsmethode der Astronomen, um Informationen über kosmische Objekte zu gewinnen
Beobachtungstechnik	Fernrohre und Zusatzgeräte, Radioteleskope, Raketen, Raumflugkörper mit Beobachtungsgeräten

Orientierung am Sternhimmel 2

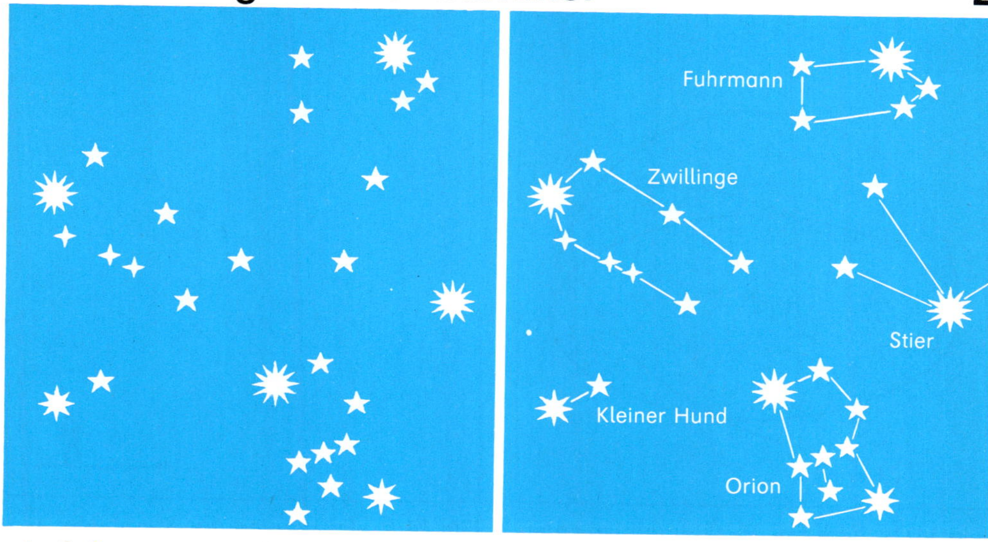

Auf den ersten Blick erscheint eine Orientierung am Himmel schwer möglich. Denkt man sich aber wie in unserem Bild die Sterne durch Linien zu einprägsamen Figuren verbunden, so wird der Sternhimmel übersichtlicher. Welche Möglichkeiten gibt es, den Ort eines Sterns am Himmel genau anzugeben?

Die scheinbare Himmelskugel

▶ **Die scheinbare Himmelskugel ist eine gedachte Kugelfläche um den Beobachter, auf die wir die Sterne projiziert sehen.**

Der Punkt senkrecht über dem Beobachter heißt **Zenit**.

▶ **Der Horizont ist die gedachte Kreislinie, die den von einem bestimmten Ort aus sichtbaren von dem unsichtbaren Teil der scheinbaren Himmelskugel trennt.**

Projiziert man das Gradnetz der Erde auf die scheinbare Himmelskugel, dann werden auf ihr der Erdäquator als **Himmelsäquator** und der Nordpol der Erde als **Himmelsnordpol** abgebildet (Bild 14/1). Der in unmittelbarer Nähe des Himmels-

① Erläutern Sie die Bedeutung der Radioastronomie für die astronomische Forschung!

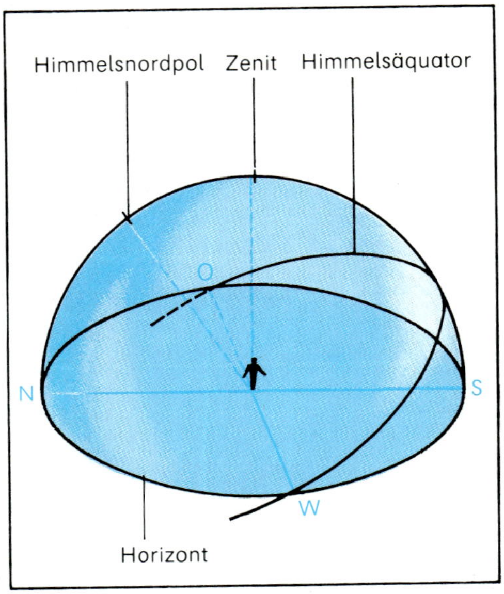

Bild 14/1 Wichtige Punkte und Linien an der scheinbaren Himmelskugel

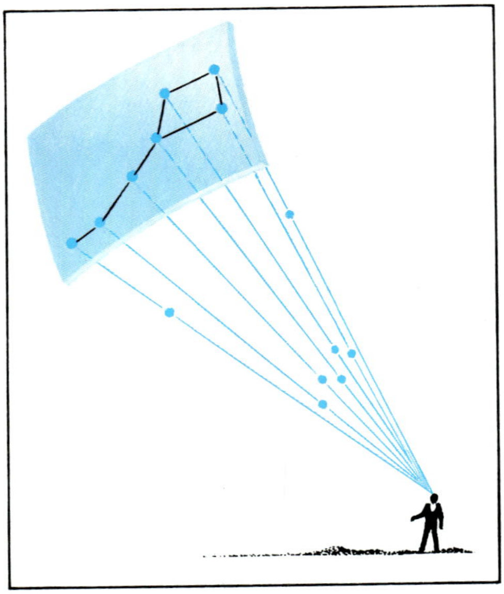

Bild 14/2 Entstehung des Sternbildes Großer Bär durch Projektion unterschiedlich weit entfernter Sterne an die scheinbare Himmelskugel

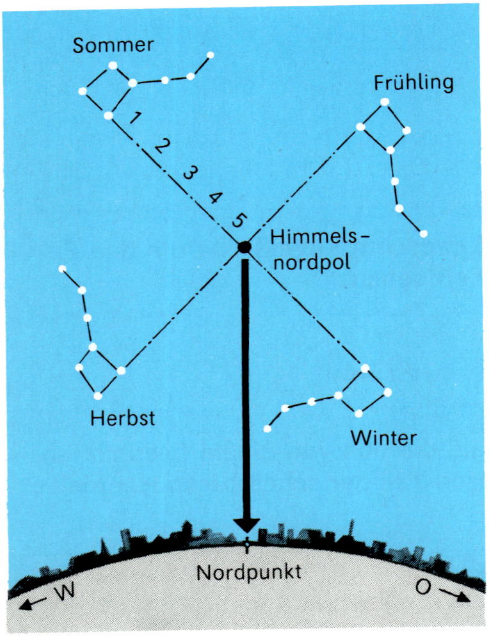

Bild 14/3 Mit Hilfe des Großen Wagens findet man den Himmelsnordpol und kann damit den Nordpunkt des Horizonts bestimmen (Stellung des Großen Wagens jeweils um etwa 20.00 Uhr)

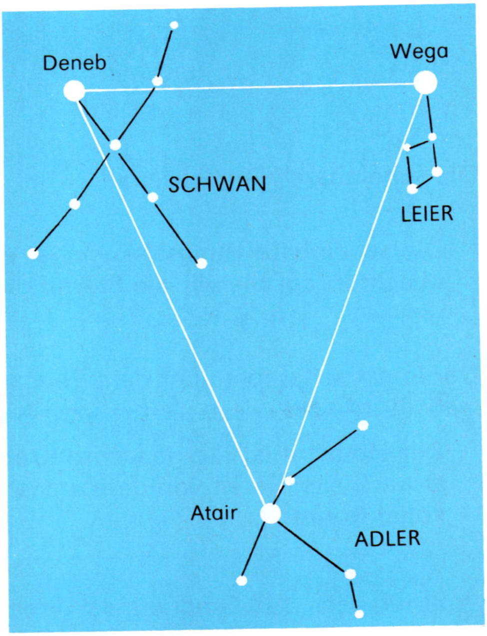

Bild 14/4 Das Sommerdreieck

nordpols stehende helle Stern heißt daher *Polarstern*. **Himmelsnordpol und Himmelsäquator sind die Projektion des Erdnordpols und des Erdäquators an die scheinbare Himmelskugel.**

Sternbilder. Viele der etwa 3000 Sterne, die in unseren Breiten mit bloßem Auge an der Himmelskugel zu erkennen sind, kann man sich durch Linien zu sogenannten **Sternbildern** verbunden denken.

> **Sternbilder sind Gruppen von Sternen an der scheinbaren Himmelskugel.**

Die Sterne eines solchen Bildes stehen aber im Raum nicht unbedingt nebeneinander, sondern liegen von der Erde aus gesehen oft weit hintereinander (Bild 14/2). Die Namen der Sternbilder entstammen meist der Sagenwelt des Altertums. Als Hilfsmittel für die Orientierung sind die Sternbilder noch heute von Bedeutung. So können Sie bei der Lösung der Beobachtungsaufgaben 1/1 und 1/2 mit Hilfe des Sternbildes Großer Bär (Großer Wagen) den Himmelsnordpol (Polarstern) und damit die Himmelsrichtungen am Horizont bestimmen (Bild 14/3). Beobachten wir den abendlichen Sternhimmel im Sommer, so fallen die hellen Sterne Deneb, Wega und Atair auf. Sie bilden das Sommerdreieck (Bild 14/4).

Scheinbare tägliche Bewegung des Sternhimmels

Bei der Beobachtung des Sternhimmels über dem Südhorizont (Beobachtungsaufgabe 2) fällt uns auf, daß sich die Gestirne von Ost nach West bewegen. Könnten wir 24 Stunden lang ununterbrochen beobachten, dann würden wir feststellen: Die Gestirne beschreiben Kreise parallel zum Himmelsäquator (Bild 15/1). Die meisten Gestirne gehen daher für unser Beobachtungsgebiet auf

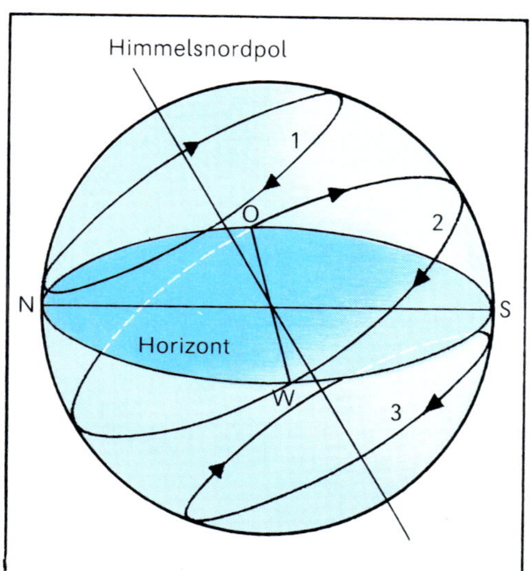

Bild 15/1 Zur Sichtbarkeit der Sterne für unser Beobachtungsgebiet
1. Bahn eines Sterns, der für uns nie untergeht.
2. Bahn eines Sterns, der für uns auf- und untergeht.
3. Bahn eines Sterns, der für uns nie aufgeht.

und unter. Es gibt aber auch Sterne, die für uns immer über, und andere, die stets unter dem Horizont bleiben. Die beobachtete Bewegung auf Kreisbahnen sowie das Auf- und Untergehen der Gestirne sind *Folgen der Erdrotation.* **Unter der Rotation der Erde versteht man ihre Drehung um die eigene Achse von West nach Ost.** Eine Umdrehung dauert einen **Tag** (24 Stunden). Dabei wendet die Erde stets eine Seite der Sonne zu. Für die Bewohner dieser von der Sonne beleuchteten Halbkugel der Erde ist *Tag,* für die der sonnenabgewandten Seite *Nacht.* Aus der Teilnahme des Beobachters an der *wahren* Bewegung der Erde ergibt sich eine beobachtbare *scheinbare Bewegung* der Gestirne in entgegengesetzter Richtung (also von Ost nach West). ①

Das Horizontsystem

Zur genauen Angabe von Gestirnsörtern an der scheinbaren Himmelskugel dienen Koordinatensysteme. Das **Horizontsystem** hat den Horizont des Beobachters als Bezugskreis. In diesem System kann der Ort eines Gestirns mit den Koordinaten *Azimut a* und *Höhe h* (Bild 16/1) angegeben werden.

► **Das Azimut *a* ist die in Gradmaß angegebene Himmelsrichtung, in der ein Gestirn zu beobachten ist.**

Die Zählung dieses Winkels erfolgt vom Südpunkt aus über Westen, Norden, Osten. (Für manche Zwecke – z. B. bei der Erdvermessung – wird das Azimut von Norden über Osten gezählt.)

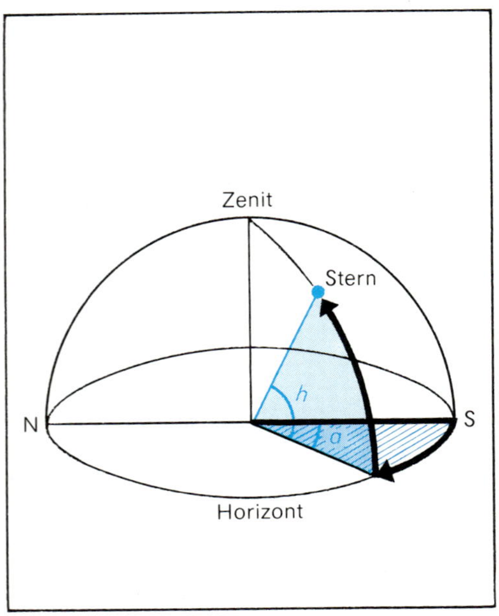

Bild 16/1 Die Koordinaten des Horizontsystems

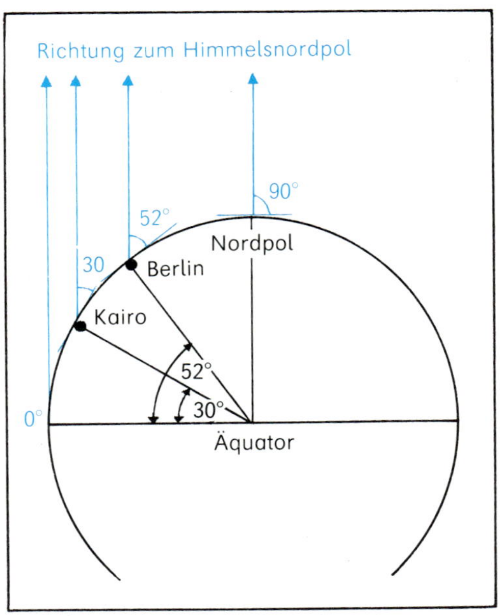

Bild 16/2 Die Polhöhe ist gleich der geographischen Breite des Beobachtungsortes.

▶ **Die Höhe *h* ist der in Gradmaß angegebene Abstand eines Gestirns vom Horizont.**

Die Zählung dieses Winkels erfolgt vom Horizont aus bis zum Zenit.
Wegen der Rotation der Erde ändern sich Azimut und Höhe eines Gestirns fortlaufend.
Die Koordinaten eines Gestirns im Horizontsystem hängen auch von den geographischen Koordinaten des Beobachtungsortes ab. Zum Beispiel mißt ein Beobachter in Berlin die Höhe des Himmelsnordpols mit 52° (Bild 16/2), ein Beobachter in Leningrad dagegen stellt eine Polhöhe von 60° fest. Am Nordpol beträgt die Polhöhe 90°. Allgemein gilt: **Die Höhe des Himmelsnordpols über dem Horizont ist gleich der geographischen Breite des Beobachtungsortes.** ②③④⑤

Die drehbare Sternkarte. Die drehbare Sternkarte ist ein Hilfsmittel zur Orientierung am Sternhimmel. Auf einer *Grundplatte* sind helle Sterne aufgetragen, die in unseren Breiten mit bloßem Auge beobachtbar sind. Stellt man die darauf drehbar befestigte *Deckscheibe* (Folie) entsprechend dem Datum und der Uhrzeit der Beobachtung ein, dann erscheint unter dem durchsichtigen Ausschnitt der Folie der zu diesem Zeitpunkt sichtbare Teil des Sternhimmels. Mit Hilfe eines aufgedruckten Gradnetzes kann man die genäherten Koordinaten der Sterne auf der Sternkarte ablesen. ⑥⑦⑧⑨

---

① Demonstrieren Sie mit Hilfe des Telluriums (oder eines Globus) die Rotation der Erde, und erklären Sie die Entstehung von Tag und Nacht!

② Welches Azimut hat ein Stern, der
a) im Westen,
b) im Norden,
c) im Osten steht?

③ Welche Höhe hat ein Stern, der im Zenit steht?

④ Sie beobachten einen Stern, der anfangs in südöstlicher Richtung steht. Wie ändern sich im Verlaufe der Beobachtung Azimut und Höhe des Sterns?

⑤ Wie hoch steht der Himmelsnordpol über dem Horizont
a) an Ihrem Beobachtungsort (Vergleichen Sie mit dem Ergebnis Ihrer Beobachtungsaufgabe 3/3!),
b) an einem Ort auf dem Erdäquator?

⑥ Stellen Sie die drehbare Sternkarte für den 10. Oktober, 20.00 Uhr, ein! Suchen Sie den Stern Atair (Sternbild Adler) auf der Sternkarte, und bestimmen Sie sein Azimut und seine Höhe!

⑦ Wie heißt der Stern, der am 5. Januar um 19.00 Uhr unter einem Azimut von 305° und einer Höhe von 45° zu beobachten ist?
In welcher Himmelsrichtung ist der Stern zu beobachten?

⑧ Wie lange ist der Stern Mira (Sternbild Walfisch) am 1. November beobachtbar? Bestimmen Sie zunächst die Zeitpunkte seines Aufgangs und seines Untergangs!

⑨ Ermitteln Sie einen günstigen Beobachtungszeitpunkt für das Sternbild Löwe! Begründen Sie Ihr Ergebnis!

Zusammenfassung

scheinbare Himmelskugel	gedachte Kugelfläche um den Beobachter
Zenit	Punkt senkrecht über dem Beobachter
Horizont	Kreislinie, die den sichtbaren Teil der scheinbaren Himmelskugel von dem unsichtbaren Teil trennt
Himmels-nordpol	Projektion des Erdnordpols an die scheinbare Himmelskugel
Himmelsäquator	Projektion des Erdäquators an die scheinbare Himmelskugel
Sternbild	Gruppe von Sternen an der scheinbaren Himmelskugel, Orientierungshilfe
Bewegung der scheinbaren Himmelskugel	scheinbare Drehung von Ost nach West als Folge der Rotation der Erde von West nach Ost
Horizontsystem	Koordinatensystem an der scheinbaren Himmelskugel, das vom Horizont des Beobachters als Bezugskreis ausgeht. Beide Koordinaten werden in Grad angegeben. **Azimut *a*:** Himmelsrichtung (S = 0°, über W, N, O) **Höhe *h*:** Abstand des Gestirns vom Horizont (Horizont = 0°, Zenit = 90°)

Bild 19/1 Unsere Erde ist ein Teil des Sonnensystems. Wollen wir den Bau des Weltalls erforschen, dann müssen wir die Körper des Sonnensystems, ihre Unterschiede, ihre Bewegungen und ihre Entwicklungsgeschichte kennen.

Das Sonnensystem

Überblick über das Sonnensystem 3

Der „Zweifler“. Wie die Welt nach Meinung anderer beschaffen sein soll, das will er nicht durch Wort und Schrift hinnehmen. Er möchte sich selbst davon überzeugen. Zweifel an der Richtigkeit überlieferter Vorstellungen waren in der Geschichte der Astronomie oft Triebkraft für den Erkenntnisfortschritt.

Die Entwicklung unserer Kenntnisse vom Sonnensystem

In den Weltbildern des frühen Altertums befindet sich die Erde als Scheibe im Zentrum der Welt (Bild 21/1). Die Himmelskörper, deren Eigenschaften weitgehend unbekannt waren, galten als Gottheiten oder als Sitz der Götter. Es erfolgte eine strenge Trennung zwischen Erde und „himmlischen“ Körpern. Die Priester hatten auf Grund ihrer sozialen Stellung die Möglichkeit zur systematischen Himmelsbeobachtung. Sie besaßen dazu auch die notwendigen Kenntnisse. Den Priestern waren die Gesetze für den Ablauf von Bewegungen der Himmelskörper noch unbekannt. Die Beobachtungen der täglichen Umdrehung des Sternhimmels, des täglichen und jährlichen Laufes der Sonne, der regelmäßigen Wiederkehr der Mondphasen, des periodischen Eintretens von Finsternissen ließen jedoch Voraussagen über solche Erscheinungen und Vorgänge zu.
Die Priester nutzten diese Erkenntnisse, um ihre Macht zu festigen. Finsternisse wurden z. B. als Folge des Zornes der Götter gedeutet.
Aus der Beobachtung der Bewegungsvorgänge am Sternhimmel zog man im frühen Altertum den Schluß, daß sich der Himmel mit allen Sternen, die als leuchtende und befestigte Punkte am „Himmelsgewölbe“ betrachtet wurden, täglich um die Erde drehe. ①

Bild 21/1 Babylonisches Weltbild
Die Oberwelt – dargestellt durch einen Stufenturm – schwimmt auf dem irdischen Ozean. Darüber wölbt sich ein dreifacher Himmel. Unterhalb des Ozeans ist die Unterwelt mit dem Palast des Totenreiches hinter sieben Mauern.
Der irdische Ozean wird vom Damm des Himmels begrenzt, auf dem die Berge des Sonnenaufgangs und -untergangs stehen.

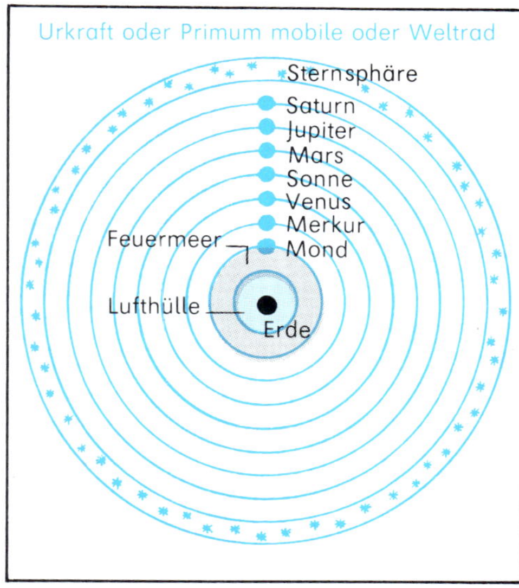

Bild 21/2 Geozentrisches Weltbild
1. Die Erde steht im Mittelpunkt der Welt.
2. Das kugelförmige Himmelsgewölbe dreht sich mit den daran befestigten Sternen von Ost nach West täglich einmal um die Erde. Sonne, Mond und Planeten nehmen an dieser Bewegung teil. Sie führen außerdem auch andere Bewegungen aus.
Vergleichen Sie mit dem Bild 24/1!

Die Entwicklung von Produktion und Handel im antiken Griechenland war mit Fortschritten in der Astronomie verbunden. Aus den Beobachtungsdaten entwarfen die Griechen ein Bild vom Aufbau des Weltalls. Der Gelehrte CLAUDIUS PTOLEMÄUS systematisierte um 150 u. Z. das damalige astronomische Wissen und gab mathematische Vorschriften zur Berechnung der Bewegungen von Himmelskörpern an. Sein **geozentrisches Weltbild** ermöglichte annähernd richtige Vorausberechnungen der Planetenörter (Bild 21/2). Es wurde erst nach rund 1400 Jahren abgelöst.
Einige Inhalte des geozentrischen Weltbildes stimmten mit der Lehre der Kirche überein. Dazu gehörten die Annahmen, daß die Erde im Weltzentrum ruhe und daß ein grundsätzlicher Unterschied zwischen der Erde und den Himmelskörpern bestehe. Diese Annahmen wurden durch Lehren des griechischen Philosophen ARISTOTELES (um 384 bis 322 v. u. Z.) gestützt, die etwa 2000 Jahre lang die Entwicklung der Physik bestimmten. Er unterschied zwischen irdischen Bewegungen (geradlinig oder kreisbogenförmig) und andersartigen himmlischen Bewegungen (kreisförmig, ohne Anfang und Ende). Schwierigkeiten bereitete den Astronomen der Antike die Beschreibung beobachteter Planetenbewegungen,

① Welche Vorstellungen über das Weltall hatten die Menschen im frühen Altertum?

weil diese im krassen Widerspruch zu der damals verbreiteten Auffassung von der gleichförmigen Kreisbewegung der Himmelskörper standen (↗ Bild 32/2).
Im frühen Mittelalter verschmolzen das geozentrische und das christliche Weltbild miteinander (Bild 22/1). ①
Der Übergang zur frühbürgerlichen Gesellschaft im 15. Jahrhundert war mit einem Aufschwung der Seeschiffahrt und des Handels verbunden. Fortschritte in der Mathematik führten zur genaueren Berechnung der Planetenörter im geozentrischen Weltbild. Dabei kam es zu einer erstaunlichen Erscheinung. Die Ergebnisse standen im Widerspruch zu präzisen Beobachtungsdaten, die zur Orientierung bei der Seefahrt notwendig waren. Beim Überprüfen solcher Widersprüche kam der polnische Gelehrte NICOLAUS COPERNICUS (1473 bis 1543) zu der Annahme, daß die Ungenauigkeiten nicht in den Berechnungen, sondern im geozentrischen Weltbild begründet seien. Er entwarf ein Weltbild, das den räumlichen Aufbau des Sonnensystems richtig widerspiegelt (Bild 23/1). ②
Das **heliozentrische Weltbild** wurde Ausgangspunkt für den weiteren Fortschritt der Astronomie, der eng mit den weltanschaulichen Auseinandersetzungen jener Zeit verbunden war. Mit der copernicanischen Aussage, daß die Erde ein Planet unter Planeten ist, wurden den Auffassungen vom scheinbaren Unterschied zwischen Himmel und Erde und von einer Sonderstellung der Erde im Weltall widersprochen. Zugleich wurde die Frage gestellt, ob die Gestirne – wie bisher angenommen – tatsächlich unveränderlich seien.
Die am mittelalterlichen Denken orientierte Kirche bekämpfte weltanschauliche Folgerungen aus dem heliozentrischen Weltbild mit allen Mitteln ihrer Macht. Der italienische Mönch GIORDANO BRUNO (1548 bis 1600) war überzeugter Anhänger des heliozentrischen Weltbildes. Er vertrat die Auffassung, die Sonne sei nur

Bild 22/1 Darstellung des Weltbildes in einer mittelalterlichen Bibel

Bild 23/1 Heliozentrisches Weltbild des COPERNICUS
1. Die Sonne steht im Mittelpunkt der Welt.
2. Die Sterne bewegen sich ebenfalls nicht, sondern ruhen in unermeßlich großer Entfernung im Raum.
3. Die Erde ist ein Planet und umläuft auf einer Kreisbahn in einem Jahr die Sonne. Sie dreht sich dabei von Westen nach Osten täglich einmal um ihre Achse.
4. Die Planeten bewegen sich auch auf Kreisbahnen um die Sonne.
Vergleichen Sie mit dem Bild 21/2!

eine von unendlich vielen Sonnen im Kosmos, um die sich Planeten bewegen, im Weltall gäbe es kein Zentrum und keine Grenzen (Bild 24/1). Wegen dieser und anderer kühner Gedanken verurteilte die Inquisition BRUNO zum Tode auf dem Scheiterhaufen.

GALILEO GALILEI (1564 bis 1642) beobachtete als einer der ersten Gelehrten mit dem Fernrohr den Himmel. Er sah u. a. Oberflächenformen des Mondes (Bild 24/2), die Lichtgestalten der Venus, die vier hellen Jupitermonde (Jupitersatelliten) und Sonnenflecken. Die Einladung GALILEIS an die Kirchenvertreter, sich selbst am Fernrohr von diesen Tatsachen zu überzeugen, lehnten diese mit der Begründung ab, das Instrument stelle die Wirklichkeit nicht richtig dar. GALILEI verbreitete das heliozentrische Weltbild trotz Ermahnung durch die kirchliche Obrigkeit in Wort und Schrift. Deshalb führte die Inquisition gegen ihn einen Prozeß, zwang ihn, die copernicanische Lehre zu widerrufen, und stellte ihn lebenslänglich unter Hausarrest.

337 Jahre nach dem Tode des Gelehrten erklärte Papst JOHANNES PAUL II (1979) die Vorwürfe gegen GALILEI für ungerechtfertigt. ③

① Beschreiben Sie mit Hilfe von Bild 21/2 das geozentrische Weltbild! Warum war dieses Weltbild fast 1400 Jahre gültig?
② Beschreiben Sie mit Hilfe des Bildes 23/1 das heliozentrische Weltbild!
③ Erläutern Sie, daß durch das Weltbild des COPERNICUS eine Wende in der Astronomie eingeleitet wurde!

Bild 24/1 Weltbild des GIORDANO BRUNO

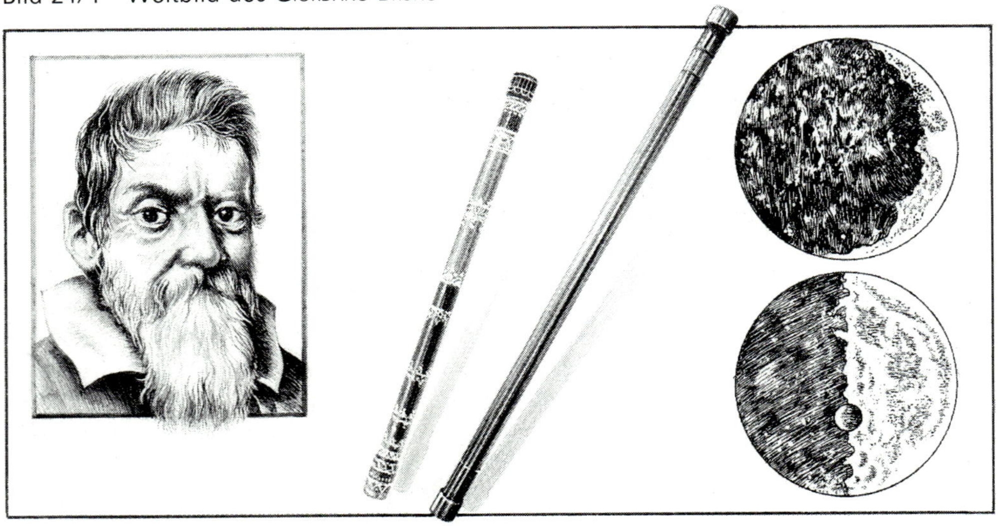

Bild 24/2 Fernrohrentdeckungen GALILEIS

In der Folgezeit wurde das heliozentrische Weltbild weiterentwickelt. Besonderen Anteil daran hatten der deutsche Gelehrte JOHANNES KEPLER (1571 bis 1630) mit der Entdeckung der Gesetze der Planetenbewegungen und der englische Physiker ISAAC NEWTON (1643 bis 1727) mit der Auffindung des Gravitationsgesetzes und weiterer Gesetze der Mechanik. Durch NEWTONS Erkenntnisse wurden die aristotelische Physik sowie die Auffassung überwunden, daß am Himmel und auf der Erde jeweils andere Naturgesetze gültig seien. Durch Nah- und Direktuntersuchung vieler zum Sonnensystem gehörender Himmelskörper mit Hilfe von Raumsonden begann in unserer Zeit eine neue Etappe in der Erforschung des Sonnensystems.

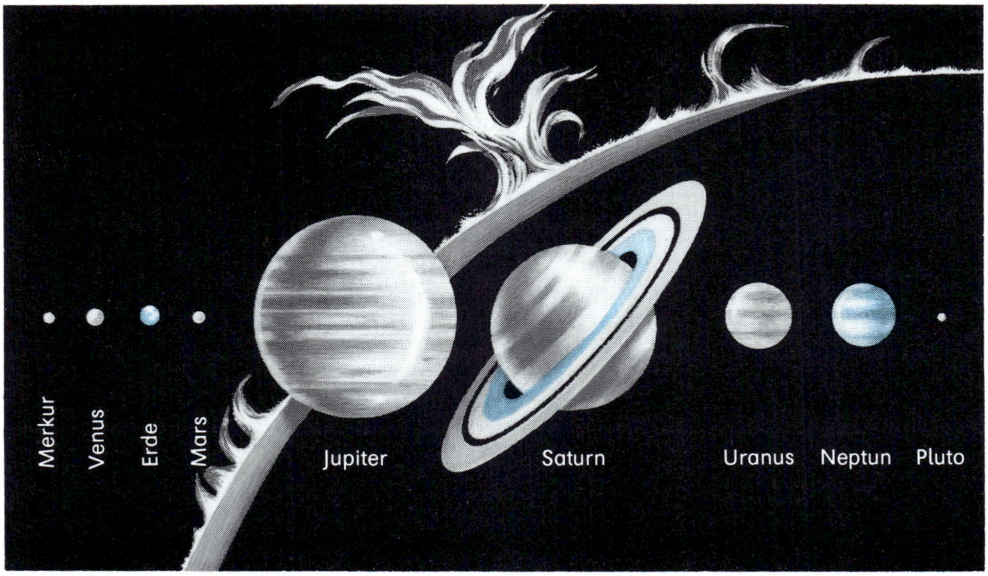

Bild 25/1 Die Durchmesser der Planeten relativ zur Sonne

Unser Bild vom Aufbau des Sonnensystems

Im Zentrum des Sonnensystems befindet sich die **Sonne**. Sie ist eine selbstleuchtende Gaskugel, die durch Gravitationskräfte zusammengehalten wird. Im Zentralgebiet der Sonne wird ständig Energie freigesetzt, die an der Oberfläche in Form von Licht und anderen elektromagnetischen Wellen sowie durch Teilchen abgestrahlt wird. Die Sonne ist der größte und massereichste Körper des Sonnensystems. Ihre Masse ist etwa 750mal größer als die Masse aller übrigen Körper dieses Systems zusammen. Die Sonne bildet das Massezentrum, um das sich alle Himmelskörper des Sonnensystems bewegen.
Die nächstkleineren Körper unseres Sonnensystems sind die **Planeten** Merkur, Venus, Erde, Mars, Jupiter, Saturn, Uranus, Neptun und Pluto (Bild 25/1). ①②

▶ **Planeten sind kugelähnliche Himmelskörper. Sie umlaufen die Sonne und reflektieren deren Licht.**

Unsere Erde hat von der Sonne eine mittlere Entfernung von 150 Millionen Kilometern. Diese Größe wird als **Astronomische Einheit (AE)** bezeichnet und ist Grundlage für Entfernungsbestimmungen im Sonnensystem und im Weltall.

① Wodurch unterscheidet sich die Sonne von den Planeten?
② Beschreiben Sie den Aufbau des Sonnensystems! Nennen Sie die Namen der Planeten in der Reihenfolge ihres Abstandes von der Sonne!

Neben den Planeten sind im Sonnensystem bis heute über 50 Satelliten (Monde) bekannt.

► **Satelliten sind Himmelskörper, die einen Planeten umlaufen und das Licht der Sonne reflektieren.**

Neben Sonne, Planeten und Satelliten existieren im Sonnensystem viele wesentlich kleinere Körper, die insgesamt nur eine sehr geringe Masse besitzen. (1)
Planetoiden sind kleine Planeten, deren Radius meist geringer als 50 Kilometer ist (Bild 26/1). Sie bewegen sich vor allem zwischen der Mars- und der Jupiterbahn um die Sonne.

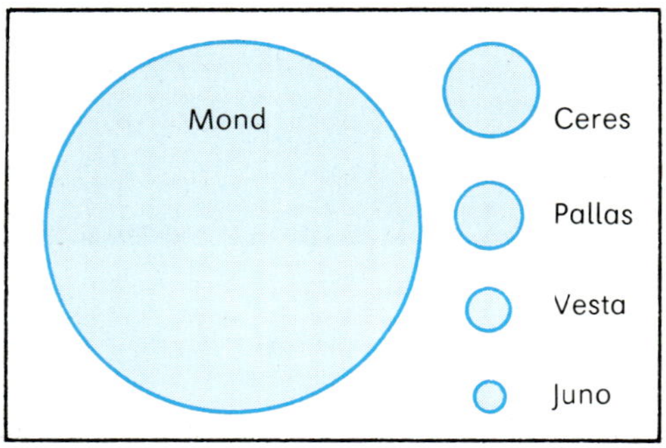

Bild 26/1 Größenvergleich Mond – große Planetoiden

Kometen bestehen aus Gas und festen Teilchen und umlaufen die Sonne auf exzentrischen Bahnen. In Sonnennähe bilden sich um den Kern des Kometen eine Gas-Staub-Wolke und ein Schweif. Die Strahlung der Sonne führt zur allmählichen Auflösung der Kometen (Bilder 26/2 und 26/3).
Meteorite sind sehr kleine Himmelskörper. Ihre Masse beträgt zwischen wenigen Milligramm und einigen Tonnen. Beim Eindringen in die Erdatmosphäre verdampfen sie meistens, und es entsteht eine Leuchterscheinung („Sternschnuppe"). Größere Meteorite können die Erdoberfläche erreichen.

Bild 26/2 Aufnahme eines Kometen

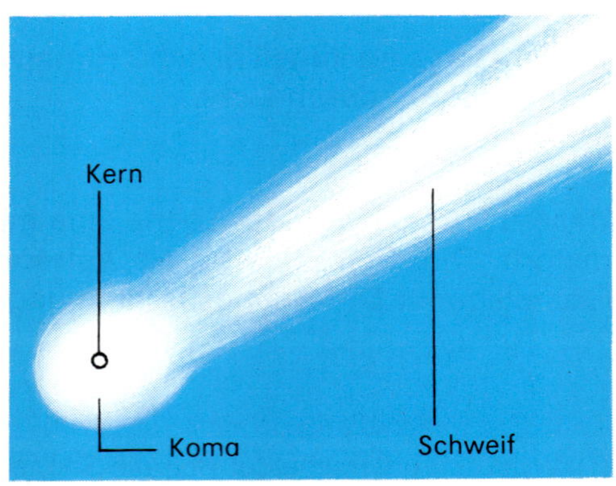

Bild 26/3 Schematischer Aufbau eines Kometen

Im Raum zwischen den Himmelskörpern des Sonnensystems befinden sich Gas von sehr geringer Dichte und Staubteilchen in großen gegenseitigen Abständen.

Zusammenfassung

Geozentrisches Weltbild	Erde als unbewegliches Zentrum, um das sich die Sonne und die anderen Himmelskörper bewegen
Heliozentrisches Weltbild	Sonne befindet sich im Zentrum des Sonnensystems. Um sie bewegen sich die Planeten. Der Mond umläuft die Erde.
Sonnensystem	Sonne und andere Himmelskörper (Planeten, Satelliten, Planetoiden, Kometen, Meteorite), die sich auf Grund der Gravitationskräfte um die Sonne bewegen, sowie Gas, Staubteilchen
Astronomische Einheit (AE)	Mittlere Entfernung der Erde von der Sonne $1\ \text{AE} = 150 \cdot 10^6\ \text{km}$

① Wodurch unterscheiden sich die Planeten von den Satelliten? Welche Gemeinsamkeit haben diese Himmelskörper?

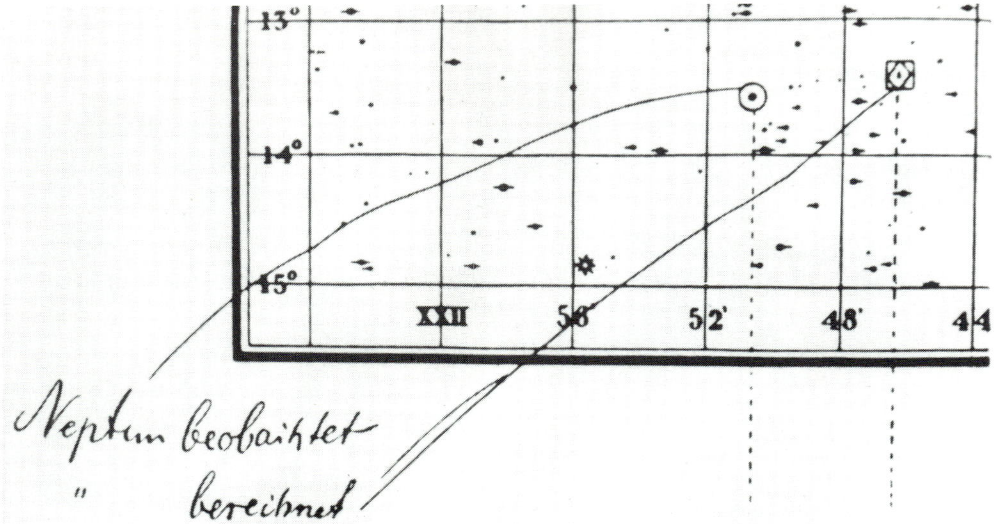

Im Jahre 1846 schrieb der französische Mathematiker LEVERRIER dem deutschen Astronomen GALLE, daß er errechnet habe, wann und wo ein bis dahin unbekannter Planet am Himmel zu finden sei. Tatsächlich fand GALLE im Fernrohr nahe dem vorher berechneten Ort einen schwachen Lichtpunkt, den Planeten Neptun.

Bewegungen der Planeten

Keplersche Gesetze. Die Bewegung der Planeten um die Sonne wird von Naturgesetzen bestimmt, die KEPLER durch die Auswertung von Beobachtungsdaten des TYCHO BRAHE fand.
Das **1. Keplersche Gesetz** beschreibt die Form der Planetenbahnen (Bild 28/2).

▶ **Die Planeten bewegen sich auf kreisähnlichen Bahnen (Ellipsen) um die Sonne.**

Die Sonne steht annähernd im Mittelpunkt der Bahnen.

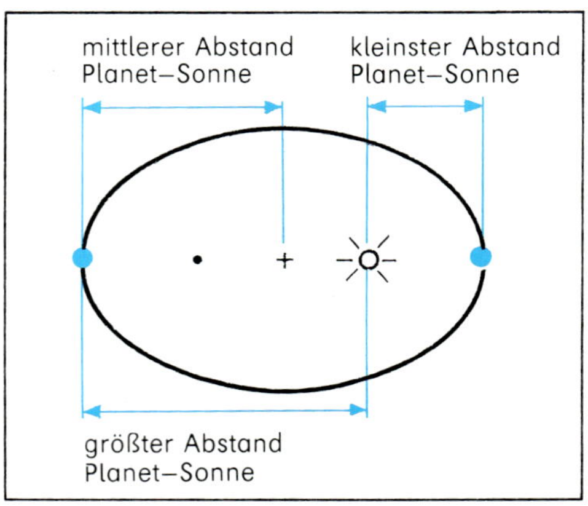

Bild 28/2

Das **2. Keplersche Gesetz** macht eine Aussage über die Geschwindigkeit eines Planeten beim Umlauf um die Sonne (Bild 29/1).

▶ **Ein Planet bewegt sich auf seiner Bahn unterschiedlich schnell. In Sonnennähe ist seine Geschwindigkeit etwas größer als in Sonnenferne.**

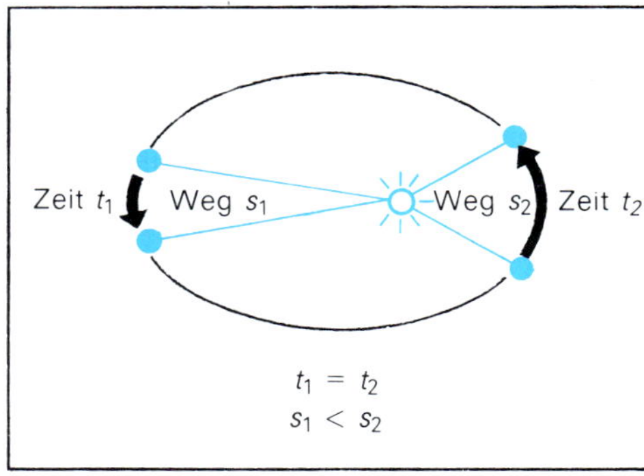

Bild 29/1

Das **3. Keplersche Gesetz** beschreibt den Zusammenhang zwischen der Umlaufzeit T eines Planeten um die Sonne und dem Radius r seiner Bahn.

▶ $$\frac{r^3}{T^2} = \text{konstant}$$

Dieser Quotient ist eine für unser Sonnensystem charakteristische Konstante (Bild 29/2). Aus diesem Gesetz kann man folgern, daß die Geschwindigkeit eines sonnenferneren Planeten kleiner als die eines sonnennäheren ist.

①②③④

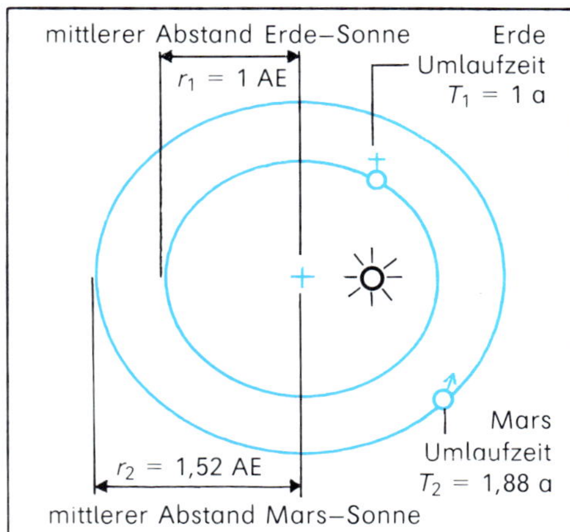

Erde: $\frac{(1\ \text{AE})^3}{(1\ \text{a})^2} = 1\ \frac{\text{AE}^3}{\text{a}^2}$

Mars: $\frac{(1{,}52\ \text{AE})^3}{(1{,}88\ \text{a})^2} = \frac{3{,}512\ \text{AE}^3}{3{,}534\ \text{a}^2} = 0{,}995\ \frac{\text{AE}^3}{\text{a}^2}$

$\frac{r_1^3}{T_1^2} = \frac{r_2^3}{T_2^2} = \text{konstant}$

Bild 29/2

① Im 2. und 3. Keplerschen Gesetz werden jeweils Aussagen über die Bahngeschwindigkeiten der Planeten gemacht. Worin besteht der wesentliche Unterschied?
② Schließen Sie aus dem 3. Keplerschen Gesetz auf den Zusammenhang zwischen Entfernung von der Sonne und Umlaufzeit der Planeten! Formulieren Sie: „Je größer ... desto ...“
③ Warum dauert ein „Jupiterjahr“ länger als 365 Tage?
④ Prüfen Sie für alle Planeten das 3. Keplersche Gesetz! Benutzen Sie die Angaben in der Tabelle auf S. 30!

Gravitationsgesetz. Mit den Keplerschen Gesetzen der Planetenbewegung hatte die heliozentrische Astronomie eine starke Stütze erhalten. KEPLER stellte auch die Frage nach den Ursachen der Planetenbewegung. Er gelangte dabei zu Vorstellungen über eine von der Sonne auf die Planeten ausgehende Kraft. Diese Idee wurde von NEWTON aufgegriffen. Ihm gelang es, die Bewegung der Planeten um die Sonne mit Hilfe des **Gravitationsgesetzes** zu erklären. Für die Gravitationskraft zwischen zwei beliebigen Körpern gilt (Bild 30/1):

$$F = \gamma \frac{m_1 \cdot m_2}{r^2}$$

F: Gravitationskraft
γ: Gravitationskonstante
($\gamma = 6{,}67 \cdot 10^{-11}\ \text{N} \cdot \text{m}^2 \cdot \text{kg}^{-2}$)
m_1, m_2: Massen der beiden Körper
r: Abstand der Mittelpunkte beider Körper
①

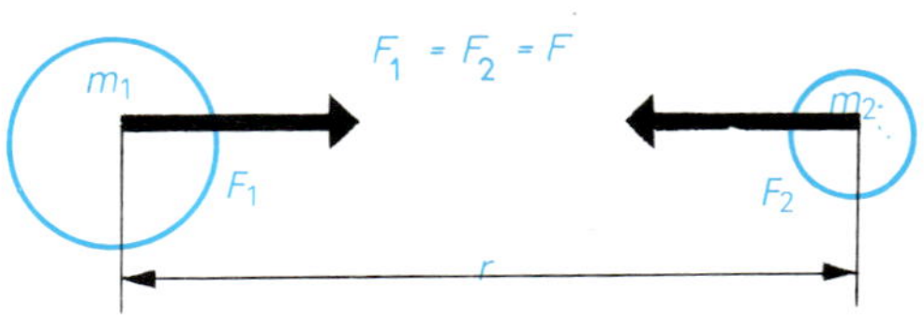

Bild 30/1

Wir wissen, daß an einem Körper, der sich auf einer Kreisbahn bewegt, eine Radialkraft angreifen muß. Beim Umlauf eines Planeten um die Sonne ist die Radialkraft gleich der Gravitationskraft, die die Sonne auf den Planeten ausübt.
Durch die Erkenntnisse von KEPLER und NEWTON erfuhr das heliozentrische Weltbild eine entscheidende Weiterentwicklung.

Entdeckung des Neptuns. Im Altertum kannte man nur die mit bloßem Auge sichtbaren Planeten Merkur, Venus, Mars, Jupiter und Saturn. Ende des 18. Jahrhunderts entdeckte FRIEDRICH WILHELM HERSCHEL (1738 bis 1822) den Uranus. Bald stellte man Abweichungen des Uranus von der vorherberechneten Bahn fest. Man vermutete daher einen weiteren Planeten, dessen Gravitationskraft diese Bahnstörung des Uranus bewirkte. Mit Hilfe der Gesetze von KEPLER und NEWTON berechnete URBAIN LEVERRIER den Ort des Planeten am Himmel. So konnte Neptun „am Schreibtisch" entdeckt werden (↗ Bild 28/1: Entdeckungskarte mit den Eintragungen des Beobachters JOHANN GOTTFRIED GALLE).

Die Bahnen der Planeten

Planet	**mittlere Entfernung von der Sonne**		**Umlaufzeit**	**mittlere Bahngeschwindigkeit**
	in AE	in 10^6 km	in a	in $\text{km} \cdot \text{s}^{-1}$
Merkur	0,39	58	0,24	47,9
Venus	0,72	108	0,62	35,0
Erde	1,00	150	1,00	29,8
Mars	1,52	228	1,88	24,1
Jupiter	5,20	779	11,87	13,1
Saturn	9,54	1427	29,46	9,6
Uranus	19,18	2870	84,02	6,8
Neptun	30,06	4496	164,79	5,4
Pluto	39,75	5947	247,7	4,7

Die Entdeckung des Planeten Neptun war ein wichtiger Beweis für die Richtigkeit des heliozentrischen Weltbildes.
Heute werden die Gesetze von KEPLER und NEWTON auch bei der Berechnung der Bahnen von Raumflugkörpern angewendet.

Jährliche Bewegung der Erde. Die Erde umläuft die Sonne in 365 $^1/_4$ Tagen einmal von West nach Ost. Diesen Zeitraum nennt man ein Jahr (abgekürzt a). Die Erdachse ist um etwa 66,5° gegen die Bahnebene der Erde geneigt, sie behält beim Umlauf der Erde ihre Richtung im Raum bei (Bild 31/1). Der Einfallswinkel der Sonnenstrahlen auf die Nord- bzw. Südhalbkugel der Erde ist daher im Verlaufe eines Jahres unterschiedlich groß. ②③

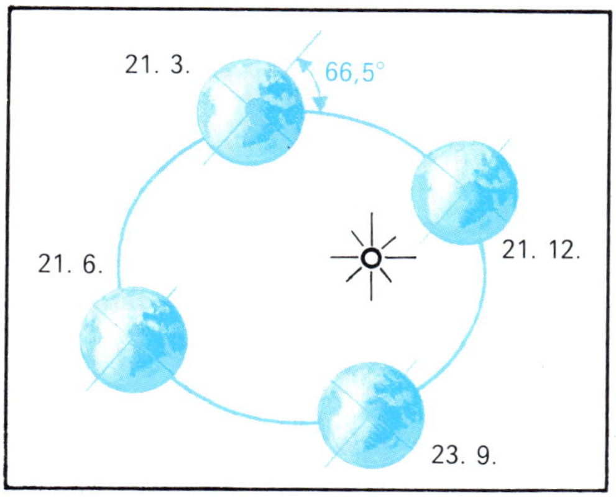

Bild 31/1 Die Neigung der Erdachse im Raum bleibt beim Umlauf der Erde um die Sonne konstant.

Als *Folge des Erdumlaufs* scheint sich die Sonne jeden Tag relativ zu den Sternen um den gleichen Winkel nach *Osten* zu verschieben, um den sich in Wirklichkeit die Erde auf ihrer Bahn weiterbewegt. Deshalb steht die Sonne von uns aus gesehen in jedem Monat vor anderen Sternbildern, die man wegen der Aufhellung der Erdatmosphäre durch das Sonnenlicht dann nicht sehen kann. Abends beobachten wir dementsprechend in verschiedenen Jahreszeiten um die gleiche Uhrzeit jeweils andere Sternbilder. Wir unterscheiden daher Sommersternbilder, Wintersternbilder usw. (Bild 32/1). ④
Beobachtet man von der Erde aus einen Stern, dann stellt man wegen des Umlaufs der Erde um die Sonne im Laufe eines Jahres eine entsprechende Verschiebung des Sterns an der scheinbaren Himmelskugel, die **Sternparallaxe**, fest (Bild 64/1). Diese Parallaxe ist ein wichtiger Beleg für die Richtigkeit des heliozentrischen Weltbildes.

① Berechnen Sie die Gravitationskraft zwischen den Planeten Uranus und Neptun bei geringstmöglichem Abstand!
② Erklären Sie mit dem Gravitationsgesetz den Umlauf der Erde um die Sonne!
③ Wie wird die Differenz zwischen der wahren und der kalendermäßig festgelegten Länge des Jahres ausgeglichen?
④ Demonstrieren Sie mit Hilfe des Telluriums den Umlauf der Erde um die Sonne, und beschreiben Sie Bahnverlauf und Geschwindigkeit der Erde anhand der Keplerschen Gesetze!

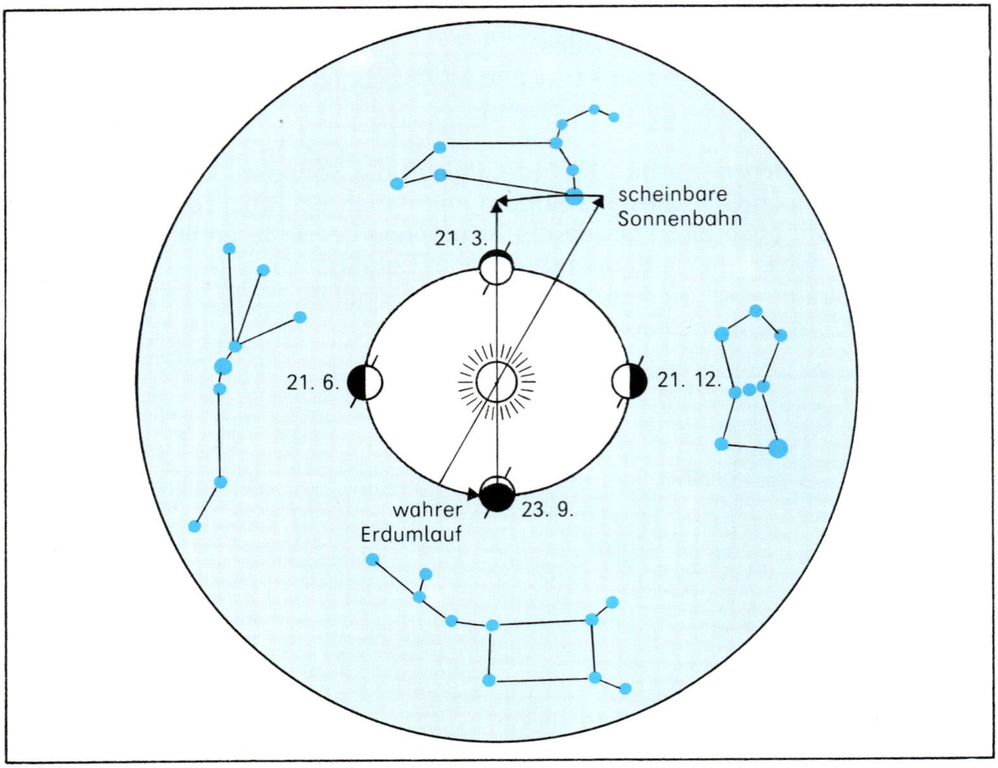

Bild 32/1 Der Umlauf der Erde um die Sonne spiegelt sich in einer scheinbaren Bewegung der Sonne relativ zu den Sternen wider.

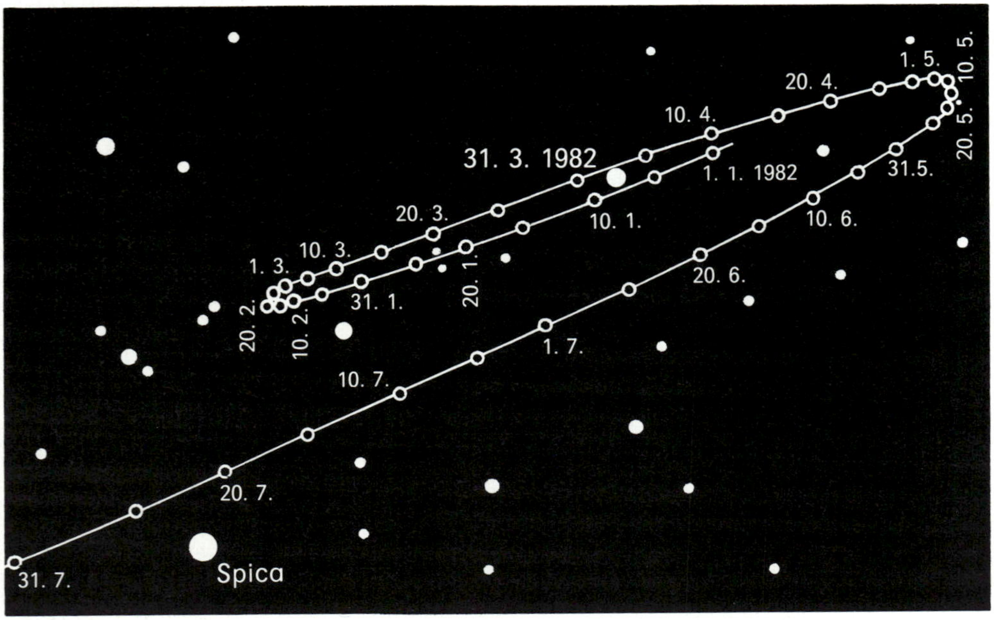

Bild 32/2 Beobachtete Bewegung des Planeten Mars im Jahre 1982

Scheinbare Bewegung der Planeten. Wie wir bei der Beobachtungsaufgabe 4/2 feststellen können, bewegt sich der Mars im allgemeinen relativ zu den Sternen von *West nach Ost*. Diese Bewegungsrichtung entspricht dem tatsächlichen Umlauf des Planeten um die Sonne. Periodisch aber kann man einen Stillstand dieser Ortsveränderung am Himmel und eine anschließende Bewegung von *Ost nach West* beobachten. Nach einiger Zeit bewegt sich der Planet wieder in der ursprünglichen Richtung, so daß sich eine Bahnschleife ergibt (Bild 32/2). Diese auch bei anderen Planeten zu beobachtende Erscheinung läßt sich durch die unterschiedlichen Umlaufzeiten und Bahngeschwindigkeiten der Planeten erklären: Überholt der innere (schnellere) Planet Erde den äußeren (langsameren) Planeten, so scheint sich dieser zeitweilig entgegengesetzt zu bewegen (Bild 33/1). Entsprechendes gilt für die anderen Planeten. ①②③

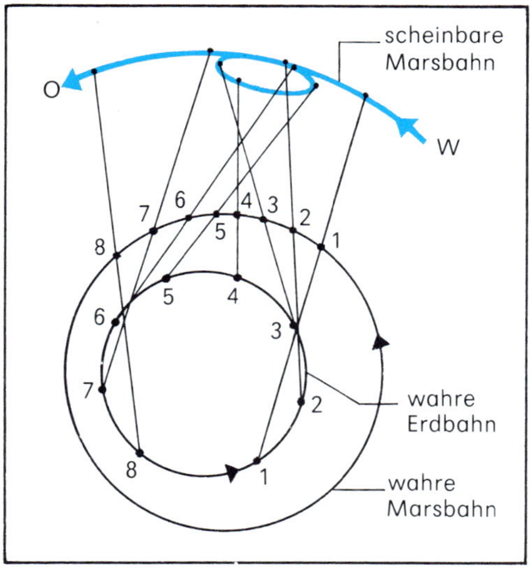

Bild 33/1 Entstehung der beobachteten Bewegung des Planeten Mars

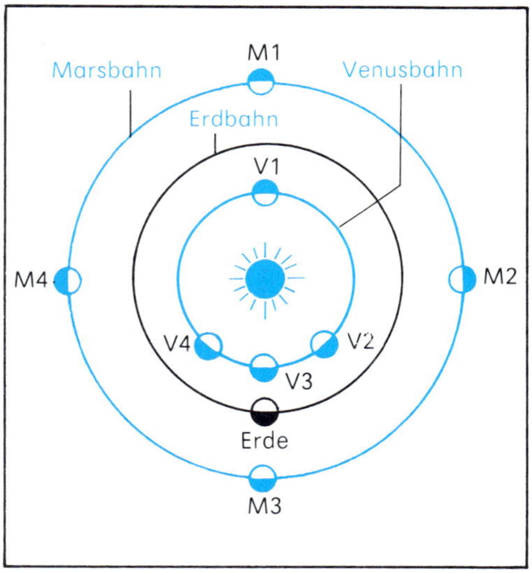

Bild 33/2 Einige mögliche Stellungen der Planeten Venus und Mars relativ zur Erde und zur Sonne

Sichtbarkeit der Planeten. Ob wir einen Planeten am unbewölkten Himmel beobachten können, hängt entscheidend von seiner Stellung zur Sonne und zur Erde ab (Bild 33/2). Steht der Planet in Blickrichtung zur Sonne, so wird er von dieser überstrahlt – er ist für uns nicht sichtbar. Ist der Winkel zwischen den Blickrichtungen zur Sonne und zum Planeten relativ klein, dann kann man den Planeten nur kurz vor Sonnenaufgang bzw. kurz nach Sonnenuntergang beobachten. Deshalb sieht man die Planeten Merkur und Venus immer nur als Morgen- bzw. Abend„stern". Mit zunehmender Größe des Winkels verlängert sich

① Aus welchem Gesetz kann gefolgert werden, daß die mittleren Bahngeschwindigkeiten und die Umlaufzeiten zweier Planeten verschieden groß sind?
② Nennen Sie Planeten, die von der Erde überholt werden können! Diese Planeten werden als äußere Planeten bezeichnet. Wie ist dieser Begriff zu erklären?
③ Erklären Sie, warum wir Bahnschleifen von Planeten beobachten können!

im allgemeinen der Zeitraum der Sichtbarkeit eines Planeten. Planeten, die weiter von der Sonne entfernt sind als die Erde, können auch auf der sonnenabgewandten Seite der Erde stehen und sind dann die ganze Nacht sichtbar (Bild 33/2). ①

Physikalische Eigenschaften der Planeten

Schon bei der Beobachtung mit dem Schulfernrohr (Beobachtungsaufgaben 4/3 und 4/4) können wir bei einigen Planeten eine *Abplattung* feststellen. Viele Einzelheiten der Planeten sind erst in den letzten Jahrzehnten, insbesondere mit Hilfe der Raumfahrt, erforscht worden. Das betrifft z. B. ihre *Oberflächen*, ihre *Atmosphären* u. a. m.

Ein Vergleich der Planeten miteinander (↗ Tabelle) zeigt, daß sie in zwei Gruppen mit jeweils gemeinsamen Merkmalen gegliedert werden können: **Nach ihren Radien, ihren Massen und ihren mittleren Dichten kann man die Planeten in erdartige und jupiterartige Planeten einteilen.** Lediglich Pluto läßt sich nach dem heutigen Stand der Erkenntnis keiner der beiden Gruppen zuordnen. Auf keinem Planeten außer der Erde konnte Leben nachgewiesen werden.

Physikalische Eigenschaften der Planeten

Planet	**Äquatorradius**		**Masse**		**mittlere Dichte**
	in km	in Erdradien	in 10^{24} kg	in Erdmassen	in $g \cdot cm^{-3}$
Merkur	2439	0,38	0,33	0,056	5,43
Venus	6052	0,95	4,87	0,82	5,24
Erde	6378	1,00	5,97	1,0	5,52
Mars	3394	0,53	0,64	0,11	3,93
Jupiter	71398	11,19	1898	317,82	1,39
Saturn	60330	9,40	568	95,17	0,70
Uranus	25900	3,98	87	14,56	1,27
Neptun	24300	3,81	103	17,2	1,71
Pluto (alle Werte sehr unsicher)	2200	0,39	0,012	0,002	0,7

Jupiter. Er ist der Riese unter den Planeten. Aus seiner geringen mittleren Dichte ist zu schließen, daß er vorwiegend aus den leichten Elementen Wasserstoff und Helium besteht. Jupiter gibt mehr Energie ab, als er von der Sonne empfängt. Sein Inneres ist wahrscheinlich flüssig, die Oberfläche geht möglicherweise

Bild 34/1 Verschiedene Stellungen des Saturnringes

Bild 35/1 Planet Venus

Bild 35/2 Planet Merkur

kontinuierlich in die Atmosphäre über. Im Ergebnis der Erforschung des Jupiters mit Raumsonden liegen heute recht genaue Bilder von den gewaltigen Strömungsvorgängen in der Jupiteratmosphäre vor. (Farbtafel, Bild 2)

Saturn. Er ist dem Jupiter nach innerem Aufbau und Atmosphäre sehr ähnlich. Seine mittlere Dichte ist kleiner als die des Wassers. Die Wolkendecke des Saturns zeigt wie die des Jupiters ein streifiges Aussehen. Bei der Lösung der Beobachtungsaufgabe 4/4 können Sie die starke Abplattung des Saturns und das ihn umschließende System von Ringen beobachten. Wie mit Hilfe von Raumsonden ermittelt wurde, besteht dieses *Ringsystem* aus zahlreichen einzelnen Teilringen, die sich wiederum aus einer sehr großen Anzahl von Eis- oder eisbedeckten Gesteinsbrocken zusammensetzen (Bild 34/1).

Venus. Im Inneren ist die Venus wahrscheinlich ähnlich wie die Erde aufgebaut. Ihre Atmosphäre besteht zu etwa 97% aus Kohlendioxid. An der Venusoberfläche treten sehr hohe Temperaturen (rund 750 K) und ein viel höherer Druck als in der Erdatmosphäre auf. Eine dichte Wolkendecke verhüllt den Planeten ständig und verhindert eine optische Beobachtung der Oberfläche (Bild 35/1). Durch Radaruntersuchungen von der Erde und von Raumsonden aus wurde die Oberflächenstruktur erforscht. Mit Hilfe von Raumsonden, die in die Venusatmo-

① Erläutern Sie die Sichtbarkeit der Planeten Venus und Mars in den im Bild 33/2 eingezeichneten Stellungen!
Vergleichen Sie mit der Lösung Ihrer Beobachtungsaufgabe 4/1!

sphäre eindrangen, konnten deren physikalische Eigenschaften untersucht werden. Die von der sowjetischen Sonde Venera 13 gelieferten Fotos der Oberfläche zeigen zerbrochene Gesteinsplatten, unter denen eine dunkle Grusschicht liegt.
Bild 35/2 zeigt einen Oberflächenausschnitt des Planeten Merkur.

Mars. Der Planet Mars weist an der Oberfläche die erdähnlichsten Bedingungen auf. Die gemessenen Temperaturen lassen überall auf seiner Oberfläche Dauerfrostboden vermuten. Mittels Raumsonden haben die Astronomen zahlreiche Informationen über Einzelheiten der Marsoberfläche erhalten (Farbtafel, Bild 1); so wurde der größte bisher bekannte Vulkankegel im Sonnensystem entdeckt (Sockeldurchmesser 600 km, Höhe 23 km). Neben den Kratern ist ein etwa 4000 km langes Grabensystem auffallend. Die früher vermuteten „Kanäle“ dagegen existieren nicht. Zahlreiche Gebilde, die ehemaligen Flußläufen ähnlich sind, weisen auf frühere Tätigkeit von Wasser hin. Die Atmosphäre enthält rund 95% Kohlendioxid und hat eine sehr geringe Dichte. Sehr aktiv ist der Wind. An den Polen des Planeten beobachtet man weiße Gebiete (gefrorener atmosphärischer Niederschlag), deren Ausdehnung im Marssommer abnimmt.

Die Planeten Uranus, Neptun und Pluto sind nur mit leistungsstarken Fernrohren gut beobachtbar.
Der heutige Zustand der Planeten stellt eine Phase ihrer Entwicklung dar, auf die im Abschnitt 8 näher eingegangen wird. ①

Zusammenfassung

Planeten	Kugelähnliche Himmelskörper; umlaufen die Sonne und reflektieren deren Licht; erdartige Planeten: Merkur, Venus, Erde, Mars; jupiterartige Planeten: Jupiter, Saturn, Uranus, Neptun. Erdartige Planeten haben einen kleineren Radius, eine kleinere Masse, aber eine größere Dichte als jupiterartige Planeten. mittlerer Erdradius: 6370 km
Keplersche Gesetze (KEPLER, um 1600)	1. Kreisähnliche Bahnen der Planeten um die Sonne 2. Größere Bahngeschwindigkeit der Planeten in Sonnennähe 3. $\frac{r^3}{T^2} = \text{konstant}$
Gravitationsgesetz (NEWTON, um 1700)	$F = \gamma \cdot \frac{m_1 \cdot m_2}{r^2}$
1 Jahr (1 a)	365 $^1/_4$ d = ein Umlauf der Erde um die Sonne

Der Mond 5

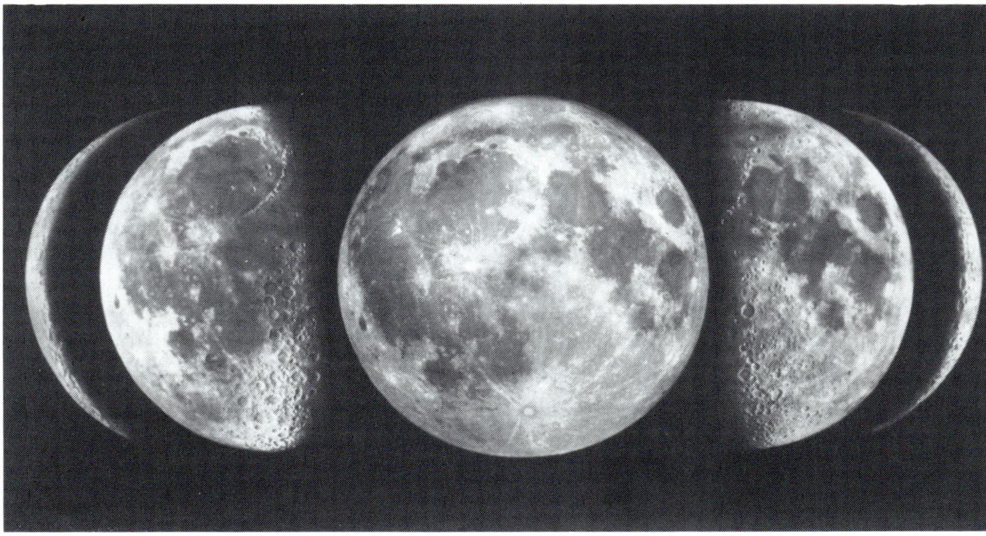

Wenn sich der Mond über dem Horizont befindet, fällt er wegen seiner Helligkeit und Größe am Himmel auf. Seine wechselhafte Gestalt erregt die Aufmerksamkeit der Beobachter. Wie kommt es, daß wir den Mond zeitweise als Sichel, als Kreisscheibe oder auch gar nicht zu sehen bekommen?

Bewegungen des Mondes

Satelliten (Monde) sind die natürlichen Begleiter der Planeten.

Der für die Erde wichtigste Vertreter dieser Gruppe von Himmelskörpern ist der Mond. Er ist der uns nächstgelegene Himmelskörper und umläuft die Erde in 27,3 Tagen. In dieser Zeit dreht er sich auch einmal um seine Achse, wobei er der Erde stets dieselbe Seite zuwendet.
Bei der Beobachtung des Mondes (Beobachtungsaufgaben 5/1 bis 5/4) können wir feststellen, daß er sich im Laufe eines Abends in bezug auf den Horizont von Ost nach West bewegt. Das ist eine scheinbare Bewegung, verursacht durch die Rotation der Erde von West nach Ost. Bei der Beobachtung entsprechend der Beobachtungsaufgaben 5/5 und 5/6 dagegen sehen wir von einem Tag zum anderen eine Verschiebung des Mondes gegenüber den Sternen von West nach

① Berichten Sie über Ergebnisse der Untersuchung eines Planeten mit Hilfe der Raumfahrt!

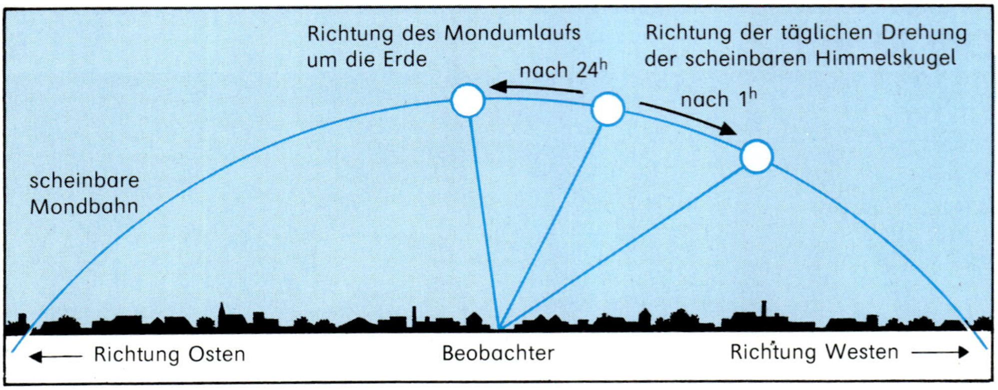

Bild 38/1 Die beobachtbare Bewegung des Mondes

Ost (Bild 38/1). Das kommt daher, daß sich der Mond in dieser Richtung um die Erde bewegt.

▶ **Der Mond umläuft die Erde in einem mittleren Abstand von 384000 km auf einer kreisähnlichen Bahn** (Bild 38/2).

Wegen seiner wahren West-Ost-Bewegung geht der Mond täglich etwas später auf bzw. unter.

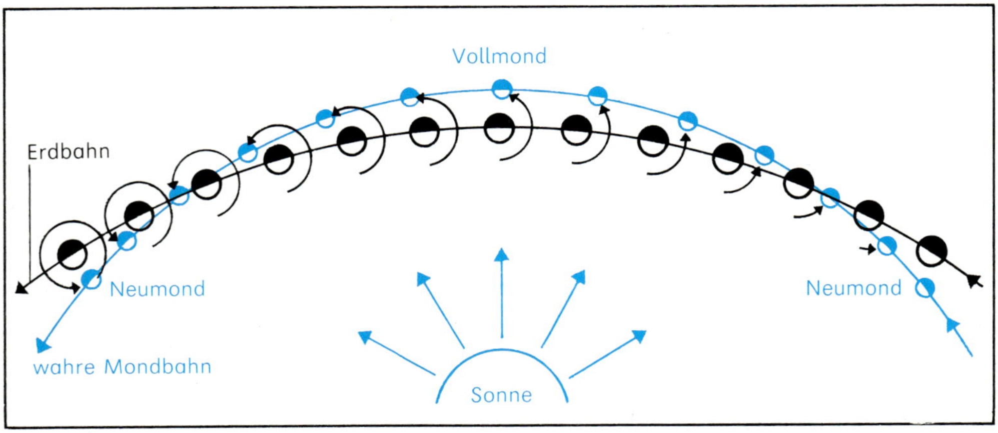

Bild 38/2 Ausschnitt aus den wahren Bahnen von Erde und Mond um die Sonne

Phasen. Bei der Beobachtung des Mondes (Beobachtungsaufgabe 5) werden wir auf die **Lichtgestalten (Phasen)** des Mondes aufmerksam. Bei seinem Umlauf um die Erde wird der Mond von der Sonne angestrahlt und damit zur Hälfte beleuchtet. Der Beobachter auf der Erde sieht aber von der beleuchteten Mondoberfläche im Verlaufe eines Mondumlaufs unterschiedlich große Teile, die Phasen *Neumond, zunehmender Mond, Vollmond, abnehmender Mond* (Bild 39/1). Nach jeweils 29,5 Tagen (das entspricht etwa einem Monat) hat der Mond wieder die gleiche Phase erreicht.

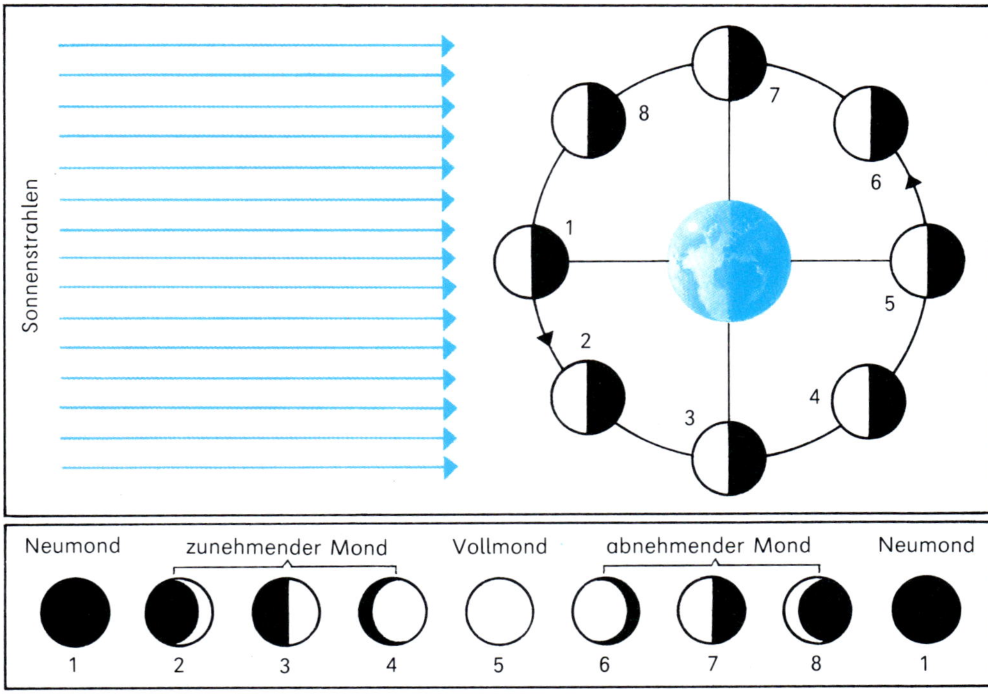

Bild 39/1 Mondphasen: Entstehung und Erscheinungsbild

Als Mondphase bezeichnet man das Erscheinungsbild des Mondes.

Die Phasen des Mondes entstehen also durch die periodisch wechselnde Stellung des Mondes zur Sonne und zur Erde. ①

Finsternisse.

Finsternisse treten dann auf, wenn Sonne, Erde und Mond auf einer Geraden liegen.

Nur bei Vollmond kann eine **Mondfinsternis** entstehen (Bild 40/1): Der Mond wird für einige Zeit vom Schatten der Erde bedeckt. Je nachdem, ob der Mond den zentralen Teil des Schattenkegels der Erde oder nur dessen Randpartien durchquert, kann man eine *totale* oder eine *partielle (teilweise) Mondfinsternis* beobachten. ②

① Demonstrieren und erklären Sie die Entstehung der Mondphasen!
② Welche Stellung haben Sonne, Erde und Mond zueinander
a) bei Neumond und
b) bei einer Mondfinsternis?

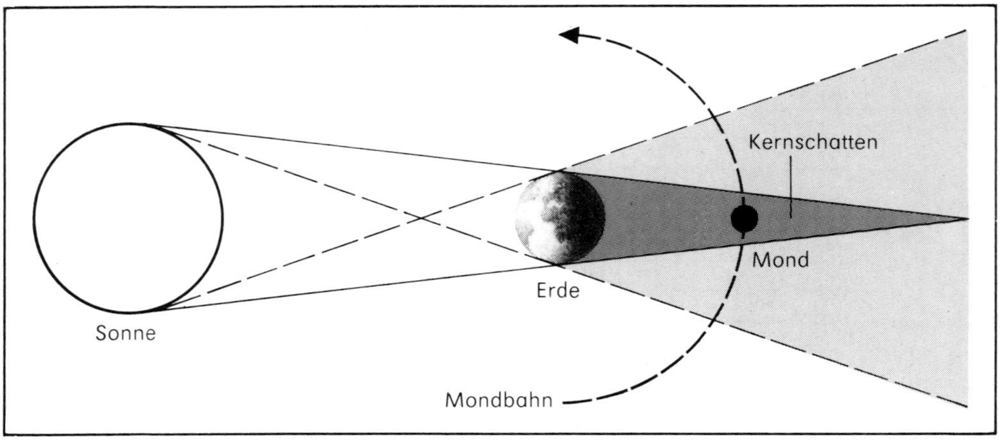

Bild 40/1 Schema der Entstehung einer Mondfinsternis

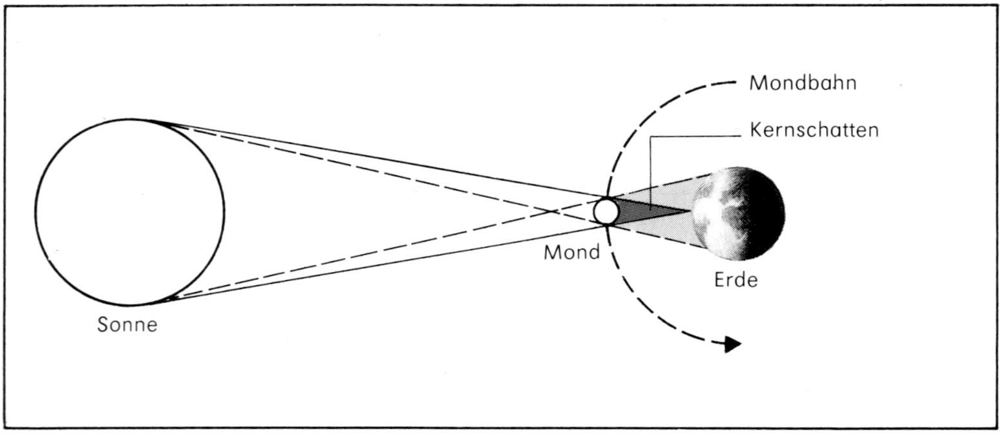

Bild 40/2 Schema der Entstehung einer Sonnenfinsternis

Eine **Sonnenfinsternis** (Bild 40/2) kann nur bei Neumond entstehen. Dann trifft der Schatten des Mondes auf die Erde. Längs eines schmalen, vom Mondschatten getroffenen Streifens auf der Tagseite der Erde (maximal 300 km Breite) läßt sich eine *totale Sonnenfinsternis* beobachten (↗ Bild 56/2). In den benachbarten Randstreifen dieser Zone ist die Sonnenfinsternis *partiell* sichtbar; die Sonne wird – von dort aus beobachtet – nur teilweise vom Mond verdeckt.
Da die Bahn des Mondes um etwa 5° gegen die Erdbahn geneigt ist (Bild 41/1), kommt es nicht bei jedem Neu- und Vollmond zu einer Sonnen- oder Mondfinsternis. Für die gesamte Erde treten im Verlaufe eines Jahres mehrere Mondfinsternisse und Sonnenfinsternisse auf; ein Beobachter kann aber von seinem Standort nicht jede Finsternis sehen. So ist die nächste Beobachtung einer totalen Sonnenfinsternis in unseren Breiten erst im Jahre 2135 möglich. Aufgrund der für die Bewegungen von Mond und Erde geltenden Gesetze kann das Eintreten von Finsternissen für Vergangenheit und Zukunft berechnet werden. ①

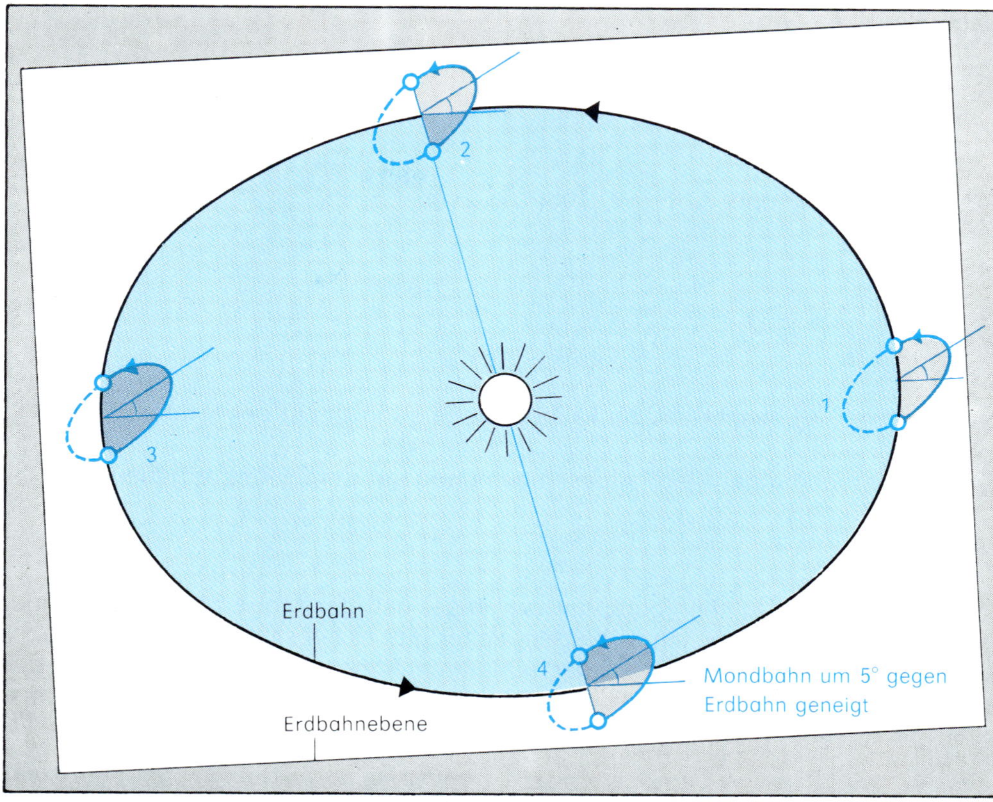

Bild 41/1 Neigung der Mondbahnebene gegen die Erdbahnebene
In den Stellungen 2 und 4 liegen die Schnittpunkte der Mondbahn mit der Erdbahnebene in Richtung Erde – Sonne, es kann daher zu Finsternissen kommen.

Zur Physik des Mondes

Physikalische Verhältnisse. Der *Radius des Mondes* beträgt 1738 km (also etwa $^1/_4$ des Erdradius), die *Masse des Mondes* dagegen nur etwa $^1/_{80}$ der Erdmasse. Aus diesen Werten ergibt sich, daß auf dem Mond andere physikalische Verhältnisse als auf der Erde herrschen. Mit Hilfe des Gravitationsgesetzes (↗ S. 30) kann die **Fallbeschleunigung** auf der Mondoberfläche berechnet werden:

$$F = \gamma \frac{m \cdot m_M}{r_M^2}$$

Kann ein Körper frei auf die Mondoberfläche fallen, dann erfährt er durch die Gravitationskraft die Beschleunigung $g_M = \frac{F}{m}$.

① Demonstrieren und erklären Sie die Entstehung
a) einer Sonnenfinsternis und b) einer Mondfinsternis!

Nach Einsetzen gilt:

$$g_M = \gamma \frac{m_M}{r_M^2}$$

Aus $m_M \approx \frac{1}{80}\, m_E$ und $r_M \approx \frac{1}{4}\, r_E$ folgt: $g_M \approx \gamma \frac{\frac{1}{80}\, m_E}{\frac{1}{16}\, r_E^2}$

$$g_M \approx \frac{1}{5}\, \gamma \frac{m_E}{r_E^2} \approx \frac{1}{5}\, g_E$$

Der Term $\gamma \frac{m_E}{r_E^2}$ beschreibt die Fallbeschleunigung g_E auf der Erdoberfläche.

Genaue Berechnungen der Fallbeschleunigung auf dem Mond ergeben:

$$g_M = \frac{1}{6}\, g_E\,.$$

Die geringe Fallbeschleunigung hat zur Folge, daß der Mond nicht in der Lage ist, eine Atmosphäre an sich zu binden; daher gibt es auf seiner Oberfläche auch kein Wasser. Vor allem wegen der fehlenden Atmosphäre ist die *Temperatur* starken Schwankungen unterworfen. Auf der Tagseite des Mondes kann sie bis zu +130 °C, auf der Nachtseite bis zu −160 °C betragen. ①②③

Bild 42/1 Oberflächenformen des Mondes

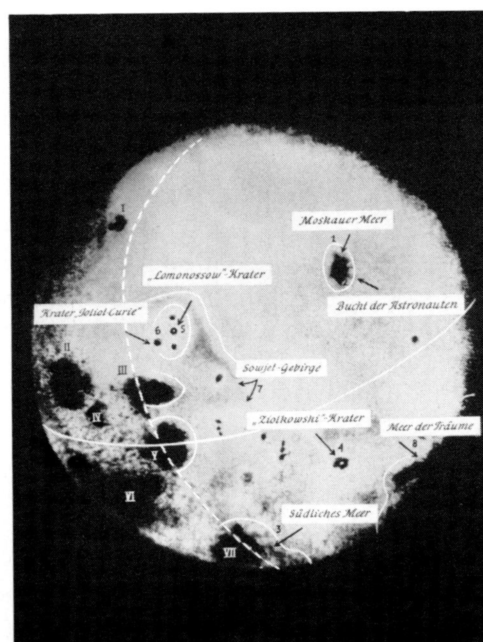

Bild 42/2 Blick auf die erdabgewandte Seite des Mondes

Oberfläche. Bei der Beobachtung der Oberfläche des Mondes (Beobachtungsaufgabe 6/1) können wir deutlich dunkler erscheinende **Tiefebenen** und hellere **Hochländer** erkennen.
Die Tiefebenen erhielten ihr heutiges Aussehen durch große Lavaüberflutungen im Laufe der Entwicklung des Mondes. In früheren Zeiten glaubte man, in ihnen große Wasserflächen zu erkennen, die man als „Meere" bezeichnete. Das Oberflächenrelief wird von den zahlreichen **Kratern** (Durchmesser bis zu 235 km) bestimmt, die in den Hochländern sehr viel häufiger als in den Tiefebenen zu finden sind. Die Krater sind zum großen Teil durch Meteoriteneinschläge in der Frühzeit des Mondes entstanden. Vereinzelt treten auch langgestreckte Gebirgszüge mit Höhen bis zu mehreren tausend Metern auf (Bild 42/1).
1959 gelang es mit Hilfe der sowjetischen Raumsonde Luna 3 erstmals, die von der Erde aus unsichtbare Seite des Mondes zu fotografieren (Bild 42/2). Diese und später angefertigte Fotografien zeigen, daß es auf der uns abgewandten Seite des Mondes weniger Tiefebenen und mehr Gebirge als auf der uns zugewandten Seite gibt.

Einfluß des Mondes auf die Erde. Die Gravitationskräfte zwischen Mond und Erde sowie zwischen Sonne und Erde rufen auf unserem Planeten den Wechsel des Wasserstandes der Meere, die **Gezeiten**, hervor. Die Gezeitenkräfte wirken sich auch auf die Erdkruste aus, die dadurch kaum wahrnehmbar gehoben und gesenkt wird. In einigen Ländern (z. B. Sowjetunion, Frankreich) wird mit Erfolg daran gearbeitet, in Gezeitenkraftwerken die Energie des bewegten Wassers nutzbar zu machen. Etwa $^2/_3$ dieser Energie geht auf die Wirkung der Gravitationskräfte zwischen Mond und Erde zurück.
Ein Einfluß des Mondes auf das Wettergeschehen in der Erdatmosphäre (wie in alten Wetterregeln oft behauptet wird) ist nicht bewiesen.

Satelliten anderer Planeten

Bereits GALILEI beobachtete um 1600 die vier größten Satelliten des Jupiters (vgl. Beobachtungsaufgabe 4/3). Durch die Raumfahrt wurden völlig unerwartete Entdeckungen auf den Jupitersatelliten gemacht: Auf dem Satelliten Io (Bild 44/1 a) wurde aktiver Vulkanismus entdeckt (Auswurf von schwefelhaltigem Material); das ist außerhalb der Erde der einzige bisher sicher nachgewiesene Fall im Sonnensystem. Der Jupitersatellit Europa (Bild 44/1 b) ist von einer dicken, vielfach zerbrochenen Eisschicht bedeckt. Vom Saturnsatelliten Titan weiß man, daß er als einziger der bisher bekannten Satelliten eine Atmosphäre besitzt.
Auch bei weiteren Planeten sind Satelliten entdeckt worden (Bild 44/2).

---

① Prüfen Sie durch Berechnung den Wert der Fallbeschleunigung auf der Mondoberfläche nach!

② Erklären Sie, warum die Fallbeschleunigung auf der Mondoberfläche geringer ist als auf der Erdoberfläche!

③ Berechnen Sie die Gravitationskraft einer Mondsonde, die sich auf der Mondoberfläche befindet und eine Masse von 1,5 t hat!

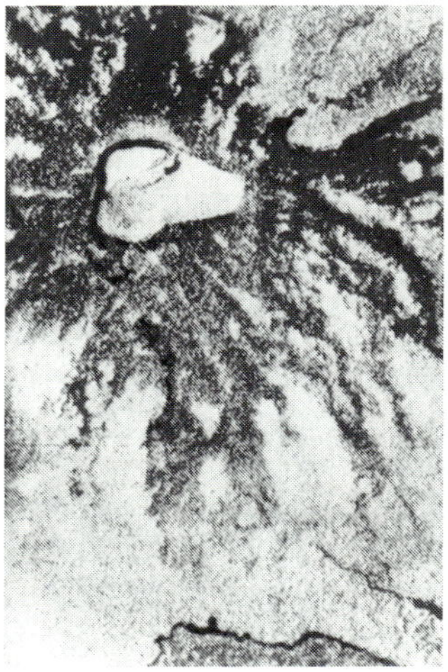

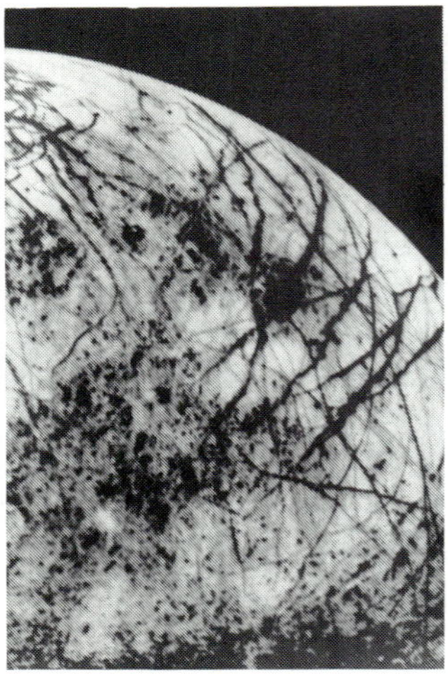

Bild 44/1 Jupitersatelliten a) Io, b) Europa

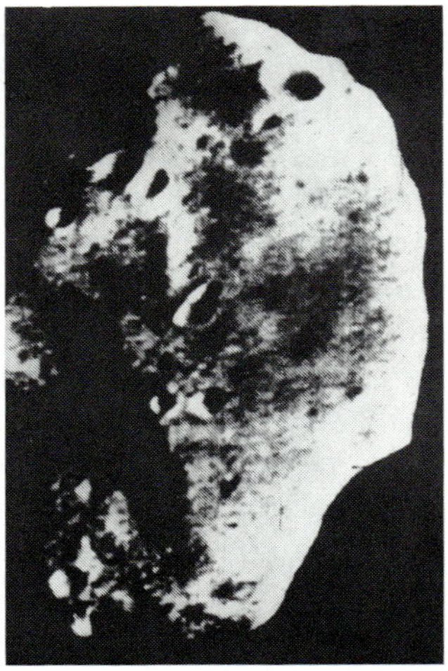

Bild 44/2 Marssatellit Phobos

Zusammenfassung

Satelliten (Monde)	Sie umlaufen Planeten und mit diesen zusammen die Sonne, reflektieren das Sonnenlicht. Im Sonnensystem existieren mehr als 50 Satelliten.
Mond	Satellit der Erde; mittlere Entfernung Erde–Mond: 384000 km
Bewegungen des Mondes	wahre Bewegungen: Rotation; Umlauf um die Erde; beobachtbare Bewegungen: Ost–West infolge Erdrotation; West–Ost infolge des Umlaufs des Mondes um die Erde
Phasen des Mondes	Lichtgestalten; abhängig von der Stellung des Mondes zu Sonne und Erde. Die Mondphasen wiederholen sich nach 29,5 Tagen.
Physikalische Verhältnisse auf dem Mond	kleinere Masse als Erde, geringere Fallbeschleunigung; deshalb keine Atmosphäre, deshalb kein Leben; Radius $\approx \frac{1}{4}$ Erdradius Masse $\approx \frac{1}{80}$ Erdmasse Temperaturschwankungen: $-160\,^\circ\mathrm{C}$ bis $+130\,^\circ\mathrm{C}$
Oberfläche des Mondes	Tiefebenen, Hochländer, Krater

Raumfahrt 6

Der Start des ersten künstlichen Erdsatelliten „Sputnik 1" am 4. Oktober 1957 in der Sowjetunion war eine Sensation für die gesamte Menschheit. Mit JURI GAGARIN begann 1961 die bemannte Raumfahrt. Wie entwickelte sich die Raumfahrt? Welchen Nutzen hat sie für den Menschen?

Entwicklung der Raumfahrt

Raumfahrt ist das Ergebnis wissenschaftlicher und technischer Forschungen, an denen Gelehrte vieler Völker beteiligt waren. Zu den Pionieren der Raumfahrt gehören KONSTANTIN EDUARDOWITZSCH ZIOLKOWSKI in der UdSSR (1857 bis 1935), HERMANN OBERTH in Deutschland (1894 bis 1990), die Arbeiten über den Bau von Raketen und Weltraumstationen verfaßten. Ferner ROBERT HUTSCHINGS GODDARD in den USA (1882 bis 1945) und WERNHER VON BRAUN in Deutschland (1917 bis 1977), die damit begannen, Raketen für den Raumflug zu konstruieren.
Raumfahrt stellt hohe Anforderungen an Wissenschaft, Technik und Produktion. Sie benötigt z. B. leistungsstarke Raketentriebwerke, Bauteile mit geringer Masse, Werkstoffe hoher Festigkeit und Temperaturbeständigkeit, Geräte mit niedrigem Energiebedarf und kleinem Volumen. Deshalb wurde Raumfahrt erst mit der beginnenden wissenschaftlich-technischen Revolution möglich. Erfahrungen und Erkenntnisse aus der Anwendung der Raumfahrttechnik fanden Eingang in die irdische Produktion. Dazu gehören die Herstellung von Transistorradios, Taschenrechnern, Halbleitern, Herzschrittmachern und Digitaluhren. Die Raumfahrt wurde zunehmend wichtigstes Forschungsmittel für zahlreiche Zweige der Wissenschaft und Technik.
Seit „Sputnik 1" ist der Flug von Raumflugkörpern fast zur Alltäglichkeit gewor-

Bild 46/1 KONSTANTIN EDUARDOWITSCH ZIOLKOWSKI
Bild 46/2 HERMANN OBERTH

den. Jedoch wecken bestimmte Raumfahrtereignisse immer wieder das besondere Interesse der Menschen, erzeugen Achtung vor den Leistungen der Wissenschaftler und Techniker sowie den Astronauten und Kosmonauten, die an den Flügen in den Weltraum teilnehmen.
Zu solchen **Pionierleistungen** der Raumfahrt gehören u. a. die erste **bemannte Erdumkreisung** (1961) durch den sowjetischen Kosmonauten JURI GAGARIN (Bild 45/1), die erste **Landung von Menschen auf dem Mond** (1969) durch die US-Astronauten EDWIN ALDRIN und NEIL ARMSTRONG sowie der Start der ersten **wiederverwendbaren Raumfähre** vom Typ Space Shuttle 1981 in den USA.
1978 führte der Kosmonaut SIGMUND JÄHN als erster Deutscher zusammen mit sowjetischen Kosmonauten einen Raumflug durch. ①

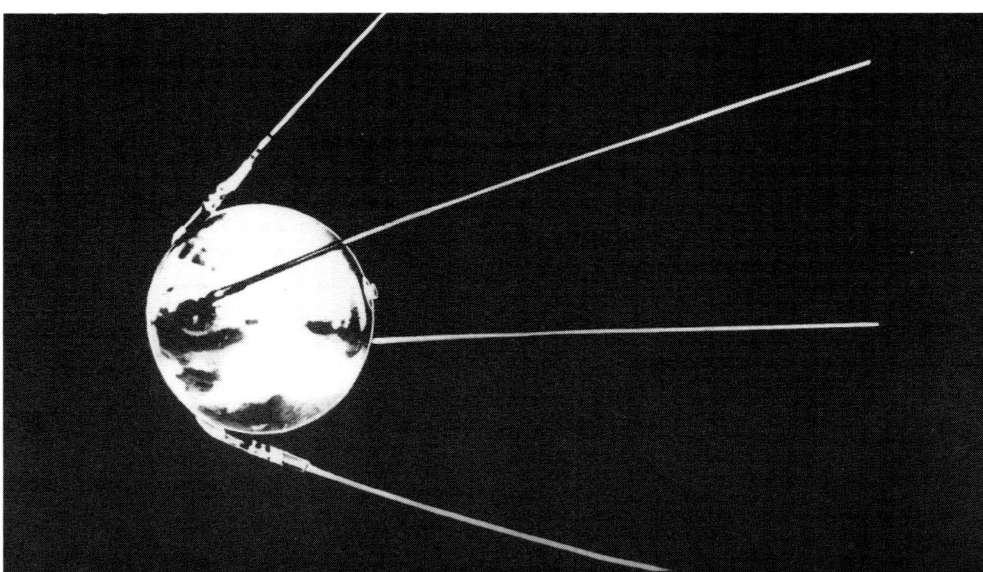

Bild 46/3 Sputnik 1

Bild 47/1 Menschen auf dem Mond
Bild 47/2 SIGMUND JÄHN und WALERI BYKOWSKI unmittelbar nach der Landung am 3. 9. 1978.

In den letzten Jahrzehnten entfalteten neben den USA und der UdSSR auch andere Industrieländer Raumfahrtaktivitäten, z. B. Frankreich, Japan und China. Entwicklungsländer, wie Indien, wandten sich ebenfalls Aufgaben der Raumfahrt zu. Die Raumfahrt entwickelte sich mit verschiedenen *Zielsetzungen*. *Automatische Stationen* erforschen vor allem Himmelskörper des Sonnensystems. Die US-Sonde „Voyager 2" fertigte in ihrer 12jährigen Tätigkeit u. a. Nahaufnahmen von Jupiter, Saturn, Uranus, Neptun und ihren Satelliten an.
Eine große Zahl von *Erdsatelliten* dient vielfältig dem irdischen Leben, z. B. durch globale Wetterbeobachtungen. Die *bemannte Raumfahrt* konzentrierte sich neben der Mondlandung vor allem auf den Planeten Erde. Seit 1970 bemüht sich die Sowjetunion intensiv um Langzeitflüge der Kosmonauten in den Raumstationen „Salut", „Sojus" und „Mir". Die Kosmonauten W. TITOW und M. MANAROW waren ein Jahr in einer Weltraumstation tätig. Die USA starteten 1973 die erste bemannte Raumstation „Skylab" und konzentrierten dann ihre Kräfte auf den Bau eines wiederverwendbaren Raumfahrzeuges. Der „Space Shuttle" startete erstmals 1981 und kann wiederholt bis zu sieben Astronauten auf eine Erdumlaufbahn und wieder zurück auf die Erde bringen. 1988 startete die UdSSR – zwar noch unbemannt – die Raumfähre „Buran" zum ersten Flug. Für die neunziger Jahre planen die USA den Bau und den Einsatz der internationalen Weltraumstation „Freedom". Immer größere Raumfahrtprojekte erfordern stets leistungsfähigere Trägerraketen. Die Trägerrakete des „Shuttle" kann 20 bis 30 Tonnen Nutzlast in eine niedrige Erdumlaufbahn bringen. 1987 startete die sowjetische Großrakete „Energija", die eine Nutzlast von 100 Tonnen auf eine niedrige Erdumlaufbahn befördern kann.

① Nennen Sie drei Pionierleistungen der Raumfahrt!

Raumfahrt für die Wissenschaft

Der erdnahe Raum ist ein wichtiges *Experimentierfeld* und eröffnet zahlreichen Wissenschaften neue Perspektiven für die Forschungsarbeit. So wird u. a. die Wirkung der *Schwerelosigkeit* auf den Menschen studiert, wodurch die Medizin wertvolle Erkenntnisse erhält. Mit Experimenten werden neue Einsichten in die Grundlagen der *Physik, Chemie* und *Biologie* gewonnen. *Beobachtungen* aus dem Weltraum zählen zu wichtigen Arbeitsmethoden der *Geowissenschaften.*
Globale Untersuchungen mittels Raumflugkörpern haben die Vorstellungen über die Atmosphäre und Oberfläche der Erde wesentlich erweitert. Die Raumfahrt eröffnet neue Möglichkeiten zur *Erforschung des Weltalls.* Mit Raumflugkörpern finden z. B. astronomische Beobachtungen oberhalb der Erdatmosphäre statt. Die USA starteten das erste optische Weltraumteleskop (Hubble-Teleskop) mit über 2 m Spiegeldurchmesser, welches mindestens 15 Jahre funktionstüchtig sein soll. ①

Einsatz der Raumfahrttechnik in der astronomischen Forschung

Aufgabenbereiche	**Einige Arbeitsvorhaben**
Erforschung des erdnahen Raumes und des Raumes zwischen den Planeten	Studium der Magnetosphäre der Erde, insbesondere der Wechselwirkung des Magnetfeldes der Erde mit den geladenen Teilchen der Sonnenstrahlung; Messungen zur Erkundung des interplanetaren Gases und Staubes und der Magnetfelder
Nah- und Direkterkundung der Himmelskörper des Sonnensystems	Erforschung der Atmosphäre und der Oberfläche anderer Himmelskörper, z. B. von Merkur, Venus, Mars, Jupiter, Saturn, Uranus und Mond, Satelliten anderer Planeten, Kometen
Astronomische Beobachtungen außerhalb der Erdatmosphäre	Beobachtung kosmischer Objekte in Wellenlängenbereichen, für die die Erdatmosphäre nicht durchlässig ist

Bild 1 Marsoberfläche

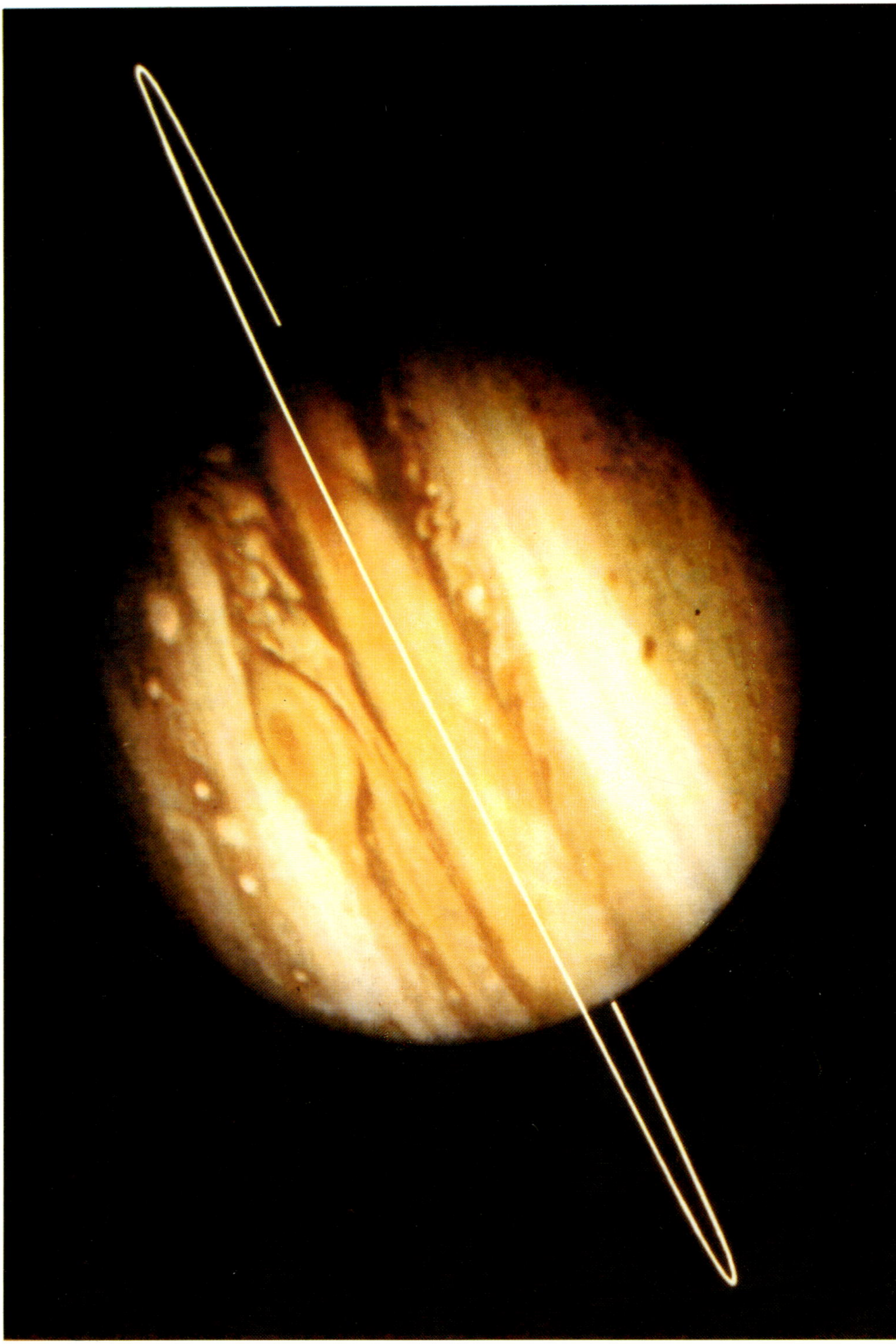

Bild 2 Jupiter

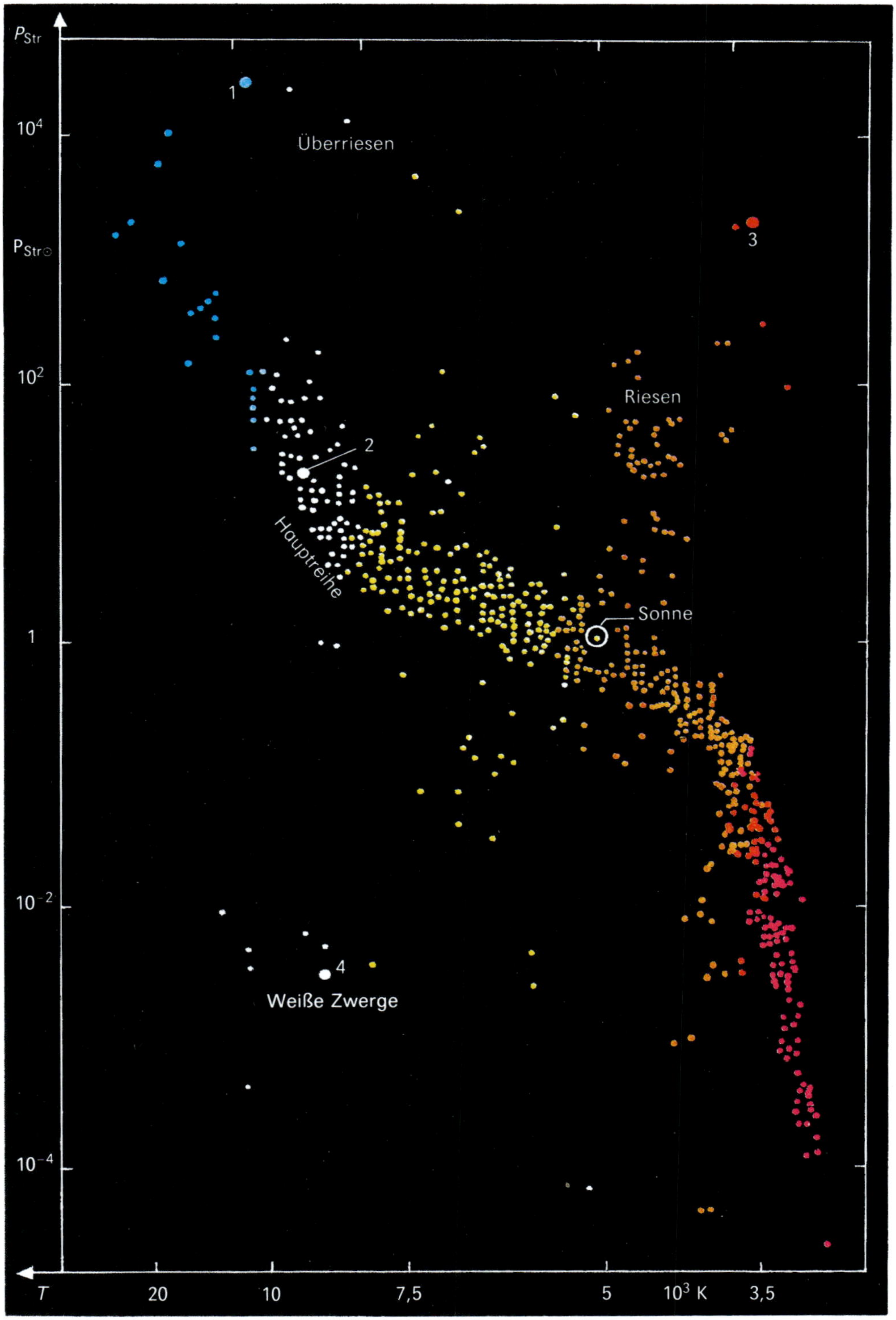

1 Zeta im Orion 2 Sirius A 3 Beteigeuze 4 Sirius B **Bild 3** Hertzsprung-Russell-Diagramm

Bild 4 Polarlicht

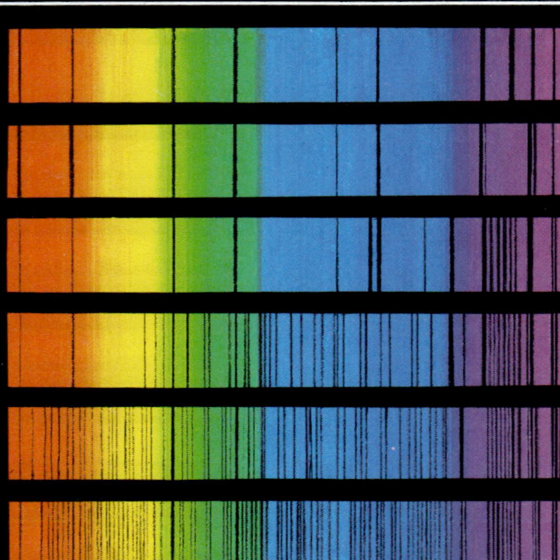

Stern	Spektrum	Farbe des Sternlichts	Photosphärentemperatur
Spica		bläulich	25000 K
Sirius		weiß	10000 K
Prokyon		gelbweiß	7000 K
Sonne		gelblich	6000 K
Arktur		rötlichgelb	4700 K
Beteigeuze		rötlich	3300 K

Bild 5 Spektren

Dynamik des Raumfluges

Bild 49/1 Bahnen von Raumflugkörpern in Abhängigkeit von ihrer Anfangsgeschwindigkeit

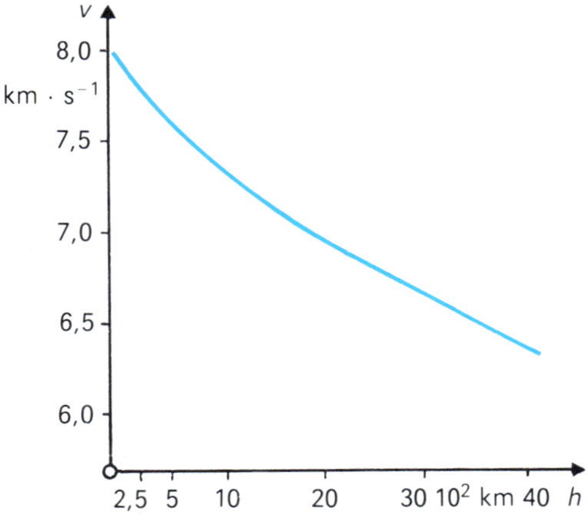

Bild 49/2 Kreisbahngeschwindigkeit eines Raumflugkörpers in Abhängigkeit von seiner Höhe über der Erdoberfläche

Die Bahn eines Raumflugkörpers hängt stark von der Fluggeschwindigkeit bei Brennschluß der letzten Stufe der Trägerrakete ab. Zum Erreichen bestimmter Bahnen sind charakteristische Endgeschwindigkeiten erforderlich (Bild 49/1).

Endgeschwindigkeiten für Raumflugkörper, die von der Erde gestartet werden

Für eine theoretische Kreisbahn nahe der Erdoberfläche[1] [1] Die Kreisbahngeschwindigkeit hängt von der Höhe der Bahn über der Erdoberfläche ab (Bild 49/2).	$7{,}9\ km \cdot s^{-1}$
Für einen Raumflugkörper, der sich von der Erde entfernt, um zu einem anderen Himmelskörper des Sonnensystems zu fliegen	mindestens $11{,}2\ km \cdot s^{-1}$
Für einen Raumflugkörper, der das Sonnensystem verlassen soll	mindestens $16{,}7\ km \cdot s^{-1}$

①

Bei Flügen um die Erde werden die Bahnen der Raumflugkörper sehr genau nach den zu lösenden Aufgaben ausgewählt. Große Flughöhen erhalten jene, die außerhalb der störenden Erdatmosphäre astronomische Forschungsaufgaben lösen. Bei bemannten Raumflügen zur Erkundung der Erde sind geringere Flughöhen erforderlich. Auf Bahnen, die über die Erdpole führen, befinden sich jene Raumflugkörper, die das Wetter über der gesamten Erdoberfläche beob-

① Erläutern Sie mit Hilfe von Bild 49/1 den Zusammenhang zwischen den Aufgaben eines Raumflugkörpers und seiner Bahn!

achten. Raumflugkörper, die der Nachrichtenübermittlung dienen, fliegen vor allem über bewohnte Gebiete.

Raumfahrt für die Menschheit

Auf einigen Gebieten gehört der Nutzen der Raumfahrt und ihre industrielle Anwendung bereits zum Alltag, wobei auch große kommerzielle Erfolge erzielt werden. So sind heute mit Hilfe von Satelliten *weltweite Übertragungen* von Fernseh- und Rundfunksendungen sowie Telefon- und Telefaxverbindungen möglich. Damit kann die Erdbevölkerung unmittelbar und direkt über wichtige Ereignisse z. B. die Olympischen Spiele oder Naturkatastrophen informiert werden. Das größte Nachrichtensystem INTELSAT besitzt mehr als 300 Erdstationen in 150 Ländern und 40000 Fernsprechverbindungen. Es existiert ein internationales *Such- und Rettungssystem*, KOSPAS/SARSAT genannt, wo mittels Satelliten und kleinen Notrufsendern bei Katastrophen, z. B. Flugzeug- und Schiffsunglücke durch Ortung der Unfallstelle schnell Rettungsmaßnahmen eingeleitet werden können. Damit konnte bisher über 2000 Menschen das Leben gerettet werden. Aus dem Weltraum können *ökologische* Prozesse auf der Erde, u. a. die Verunreinigung von Gewässern und der Luft regional und territorial registriert werden, womit zum Schutz unseres Lebensraumes Erde beigetragen wird.

Weitere Nutzanwendungen der Raumfahrt

Anwendungsgebiet	Beispiel
Wetterdienst	Wettervorhersage, rechtzeitige Warnung vor Unwetterkatastrophen, Daten für die Klimaforschung
Wasserwirtschaft	Erforschung der Grundwasserreserven, Warnung vor drohenden Überschwemmungen, Messung von Algenteppichen
Fischereiwirtschaft	Ortung von Fischschwärmen, Lenkung der Fangflotten
Land- und Forstwirtschaft	Waldkartierung, Vorhersage des zu erwartenden Ernteertrages, Erkennen des Schädlingsbefalls, Warnung vor Bränden

①

Internationale Raumfahrtkooperation

Gegenwärtig nehmen Programme und Projekte der Raumfahrt zunehmend komplexen Charakter an. Für die Verwirklichung dieser Vorhaben reichen die wissenschaftlichen, technischen und ökonomischen Potenzen einzelner Länder nicht aus. Deshalb streben die meisten Raumfahrtländer von Anfang an nach internationaler Zusammenarbeit. So hat z. B. die US-Weltraumbehörde *NASA* (National Aeronautical and Space Administration) vielseitige Beziehungen vor allem

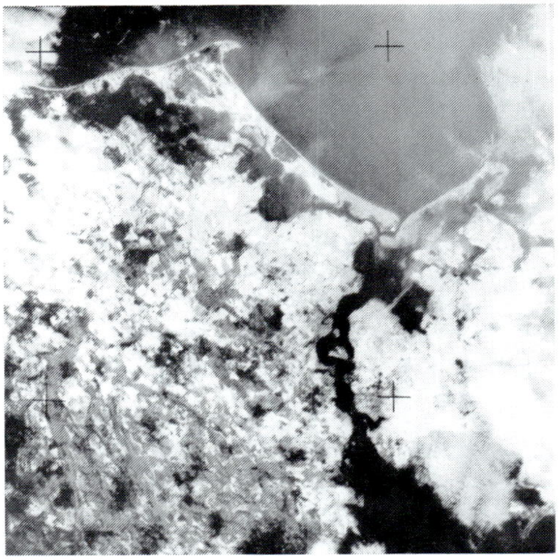

Bild 51/1 Multispektralaufnahme der Ostseeküste (von Dierhagen bis Dranske) aus dem Raumflugkörper „Sojus 22"

zu westeuropäischen Ländern. Beobachtungsmaterial der Fernerkundungssatelliten, die Nachrichtensatelliten, die Raumtransporttechnik u. a. kann von Interessenten genutzt werden. Seit 1962 entwickelte sich in Westeuropa eine Raumfahrtorganisation, die heute den Namen *ESA* (European Space Agency) trägt, der neben Frankreich, England und anderen Staaten auch die Bundesrepublik Deutschland angehört. Die ESA führt vielseitige wissenschaftliche Experimente mittels Satelliten für die Medizin, Biologie, Werkstoffwissenschaften sowie für die Elektronik und Forschungen zur bemannten Raumfahrt durch. Sie stellt die Raumfahrttechnik zur kommerziellen Nutzung zur Verfügung. Mit der NASA wirkt sie eng bei der Errichtung einer zukünftig bemannten Raumstation zusammen. Seit 1967 arbeitet die Sowjetunion mit verschiedenen Staaten an dem gemeinsamen Programm *„Interkosmos"*. Es sieht Forschungen auf den Gebieten der kosmischen Physik, Meteorologie, Medizin, Nachrichtenübertragung und Erderkundung sowie Experimente bei bemannten Raumflügen vor.
Zukünftige Aufgaben der Raumfahrt, insbesondere bei der Erforschung des Weltalls erfordern eine noch stärkere internationale Raumfahrtkooperation. Neben bereits stattgefundenen Weltraumexperimenten, z. B. zwischen der UdSSR und den USA, existieren Pläne für zukünftige gemeinsame Vorhaben der NASA, ESA und UdSSR. Für etwaige bemannte Flüge zum Planeten Mars ist Raumfahrtkooperation unabdingbare Voraussetzung. Diese Zusammenarbeit trägt dazu bei, irdische Konfrontation abzubauen und auf dem Weg zur gemeinsamen Sicherheit voranzuschreiten. ②

---

① Erläutern Sie Beispiele des Nutzens der Raumfahrt für die Menschheit!
② Nennen Sie zwei Beispiele für die internationale Zusammenarbeit auf dem Gebiete der Raumfahrt!

Zusammenfassung

Entwicklung der Raumfahrt	K. E. Ziolkowski, H. Oberth u. a. schaffen theoretische Grundlagen der Raumfahrttechnik und des Raumfluges; R. H. Goddard und Wernher v. Braun konstruieren erstmals Raketen für den Raumflug
Bedeutende Ersterfolge der Raumfahrt (Auswahl)	„Sputnik 1" (1957) Erster bemannter Raumflug (Gagarin, 1961); Landung der ersten Menschen auf dem Mond (Aldrin, Armstrong, 1969); Start des ersten wiederverwendbaren Raumtransporters „Space Shuttle" (1981)
Wichtige Aufgaben der Raumfahrt	Experimente unter den Bedingungen des Weltraums; Erkundung der Erde aus dem erdnahen Raum; Erforschung des Weltalls; Forschungsmittel für die Natur- und Technikwissenschaften; Leistungen für die Wirtschaft und andere gesellschaftliche Bereiche
Internationale Raumfahrtkooperation	Zusammenarbeit der Raumfahrtländer und interessierter Staaten bei der Entwicklung der Weltraumtechnik, bei der Erkundung der Erde, bei Experimenten im Weltraum und bei Erforschung anderer Himmelskörper

Bild 53/1 Im Jahre 1054 wurde ein vorher nie gesehener Stern beobachtet. Er war sogar am Tage sichtbar. Heute wissen wir, daß dieser Stern damals explodierte. Die weggeschleuderten Außenschichten sind als Nebel noch immer zu sehen.

Sterne, Sternsysteme, Metagalaxis

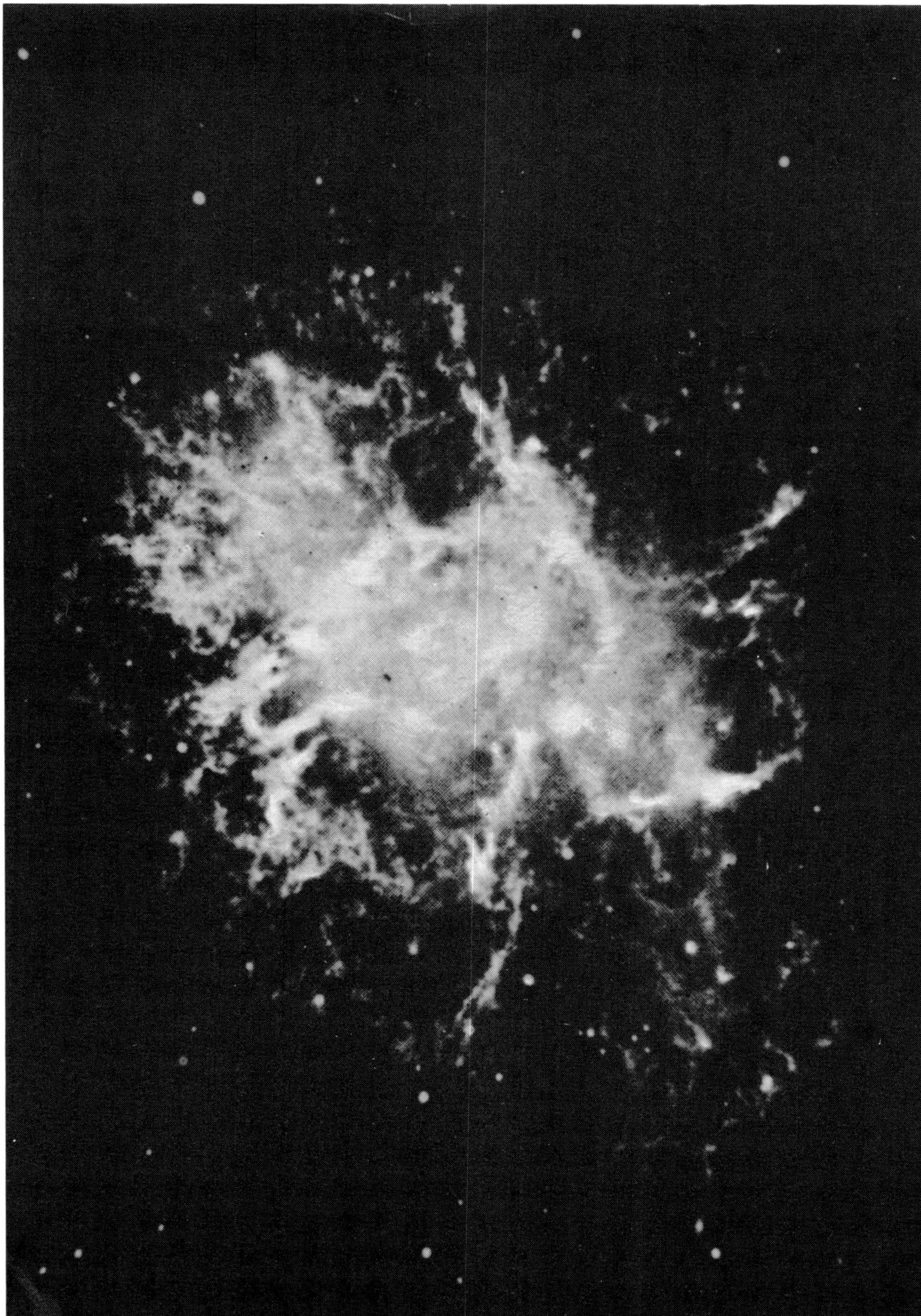

Die Sonne 7

Ohne die Sonne wäre keinerlei Leben auf der Erde möglich. Das ist schon vor Jahrtausenden erkannt worden. Im Altertum, z. B. im alten Ägypten, wurde die Sonne deshalb als Gottheit verehrt. Woher stammt die Sonnenenergie? Wie lange kann die Sonne Energie so wie heute abstrahlen? Was wird einmal aus der Sonne?

Aufbau der Sonne

▶ **Die Sonne ist ein Stern, d. h. eine selbstleuchtende Gaskugel großer Masse und hoher Temperatur.**

Sie ist der Erde sehr viel näher als jeder andere Stern. Von ihr benötigt das Licht nur etwa 8 Minuten bis zur Erde, vom zweitnächstgelegenen Stern bereits 4,2 Jahre. Die Sonne ist der einzige Stern, auf dem von der Erde aus bisher Einzelheiten (Sonnenflecken, Atmosphärenschichten u. a.) direkt beobachtet werden konnten. ①

Wichtige Größen der Sonne

Radius	700 000 km
Masse	$2 \cdot 10^{30}$ kg
mittlere Dichte	$1{,}41\ g \cdot cm^{-3}$

Das **Sonneninnere** wird von der in drei Schichten gegliederten **Sonnenatmosphäre** umgeben. Die innere Schicht heißt **Photosphäre**. Sie ist nur etwa 300 km dick, deshalb erscheint der Sonnenrand im Fernrohr als scharfe Grenze. Von der Photosphäre wird der überwiegende Teil der Sonnenstrahlung in den Weltraum ausgesandt. Die Temperatur in der Photosphäre nimmt von innen nach außen ab; im Mittel beträgt sie 6000 K. Die Helligkeit im Fernrohrbild der Sonne nimmt zum Rande hin ab, denn in der Nähe des Sonnenrandes schaut man schräg auf die Photosphäre und empfängt Licht vorwiegend aus ihren oberen Schichten, die wegen der niedrigeren Temperatur weniger stark strahlen als tiefere Schichten (Bild 55/1).
Unmittelbar an die Photosphäre schließt sich nach außen die **Chromosphäre** als rötlicher Saum an. Sie ist rund 10000 km dick.
Die äußere Schicht der Sonnenatmosphäre ist die **Korona** (Bild 56/2). Sie leuchtet weißlich. In ihr befinden sich etwa 10^{11} Teilchen je m^3. (Die Erdatmosphäre enthält im Mittel 10^{25} Teilchen je m^3.)
Die Korona geht ohne scharfe Begrenzung allmählich in den Weltraum über. Aus ihr fließen in einem stetigen Strom Protonen, Elektronen und (in geringem Maße) Atomkerne des Elements Helium nach außen ab. Chromosphäre und Korona werden von der Photosphäre stark überstrahlt. Sie sind deshalb mit bloßem Auge nur bei totalen Sonnenfinsternissen sichtbar. ②

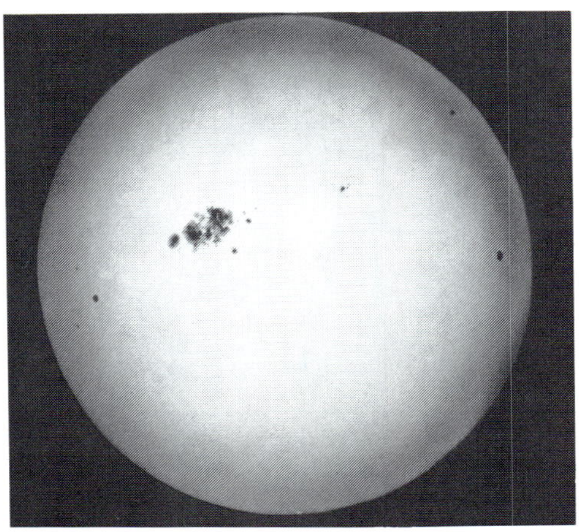

Bild 55/1 Sonne mit Sonnenflecken. Auffällig ist die Helligkeitsabnahme am Rand des Sonnenbildes.

Sonnenaktivität

Bei der Beobachtung der Sonne (Beobachtungsaufgabe 7) sind uns auf der Sonne unregelmäßige, dunkle Flecken aufgefallen. Vergleichen Sie dazu auch das Bild 55/1! Diese Flecken gehören zu den Erscheinungen der **Sonnenaktivität**, sie werden Sonnenflecken genannt.

① Wie groß ist die mittlere Entfernung Sonne–Erde?
② Vergleichen Sie die Photosphärentemperatur der Sonne mit den Schmelz- und Siedetemperaturen einiger Metalle! Nutzen Sie dabei das Tafelwerk!

> **Die Sonnenaktivität ist die Gesamtheit der veränderlichen, kurzzeitigen Vorgänge auf der Sonne.**

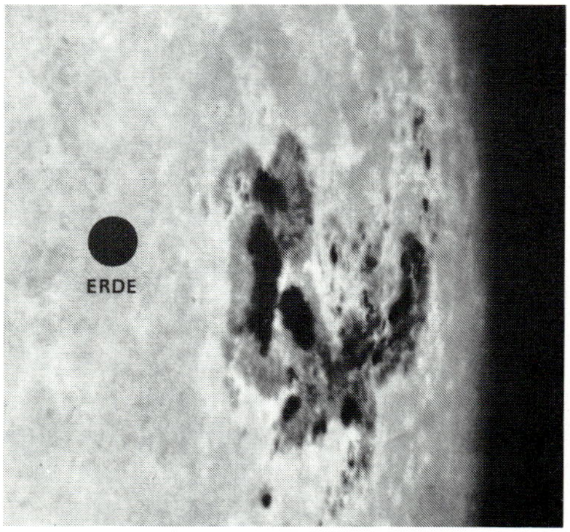

Bild 56/1 Große Sonnenfleckengruppe

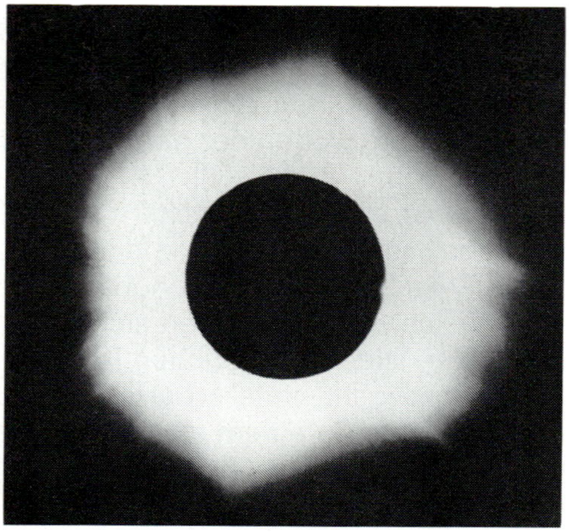

Bild 56/2 Sonnenkorona (bei einer totalen Sonnenfinsternis)

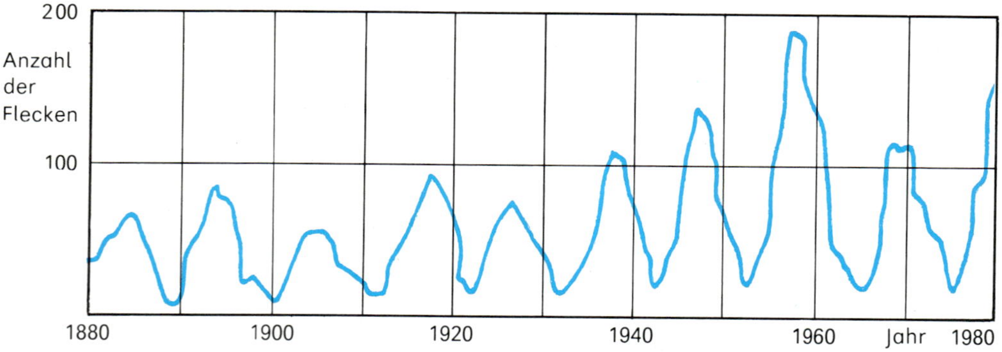

Bild 56/3 Diagramm der Sonnenfleckenhäufigkeit

Sonnenflecken. Die **Sonnenflecken** treten in der *Photosphäre* auf. Sie bilden kleinere und größere Gruppen. In den Sonnenflecken ist die Temperatur etwa 2000 K niedriger als in der ungestörten Photosphäre, deshalb erscheinen die Flecken gegenüber der helleren Photosphäre dunkel. Sie können wenige Tage bis mehrere Monate lang bestehen (Bild 56/1). Die Anzahl der Flecken schwankt periodisch und ist ein Maß für die Sonnenaktivität (Bild 56/3). ①

Sonneneruptionen und Protuberanzen. Die *Chromosphärenbereiche* über den Sonnenfleckengruppen sind die Ausgangsorte der **Sonneneruptionen**. Dies sind gewaltige, bis zu 20 Minuten dauernde Strahlungsausbrüche, bei denen äußerst energiereiche Strahlung, die aus Wellen und Teilchen besteht, in den Weltraum abgegeben wird. In der *Korona* beobachtet man hell leuchtende, vielgestaltige Gaswolken. Sie werden als **Protuberanzen** bezeichnet und bestehen aus Gas,

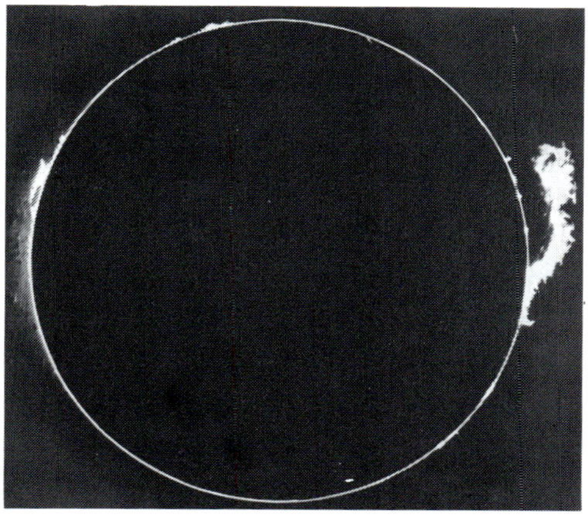

Bild 57/1 Bei einer totalen Sonnenfinsternis zeigen kurzbelichtete Aufnahmen die Chromosphäre und die Protuberanzen.

dessen Dichte größer, dessen Temperatur aber niedriger ist als die des Gases der Umgebung. Einzelne Protuberanzen erreichen Höhen von mehr als 200000 km über der Chromosphäre. Sie treten zusammen mit den Flecken und Eruptionen alle 11 Jahre gehäuft auf (Bild 57/1). ②③

Strahlung der Sonne

Strahlungsarten. Die Sonnenstrahlung besteht aus **elektromagnetischen Wellen** und aus **Teilchen**.

Sonnenstrahlung

elektromagnetische Wellen	**Teilchen**
Gammastrahlung Röntgenstrahlung Ultraviolette Strahlung sichtbares Licht Wärmestrahlung Radiowellen	Protonen Elektronen Heliumkerne
Geschwindigkeit: 300000 km $\cdot$ s^{-1} (Lichtgeschwindigkeit)	Geschwindigkeit: 300 km $\cdot$ s^{-1} bis 600 km $\cdot$ s^{-1}

Die **elektromagnetischen Wellen** werden in erheblichem Maße von der Erdatmosphäre absorbiert, so daß z. B. die Ultraviolett- und die Röntgenstrahlung deshalb nur mit Hilfe von Geräten in Höhenballons und Raumflugkörpern erforscht werden können (Bild 58/1).

① Bestimmen Sie die Periode der Sonnenaktivität aus Bild 56/3!
② Ordnen Sie die Erscheinungen der Sonnenaktivität den entsprechenden Schichten der Sonne zu!
③ Vergleichen Sie die Höhen von Protuberanzen mit dem Erddurchmesser!

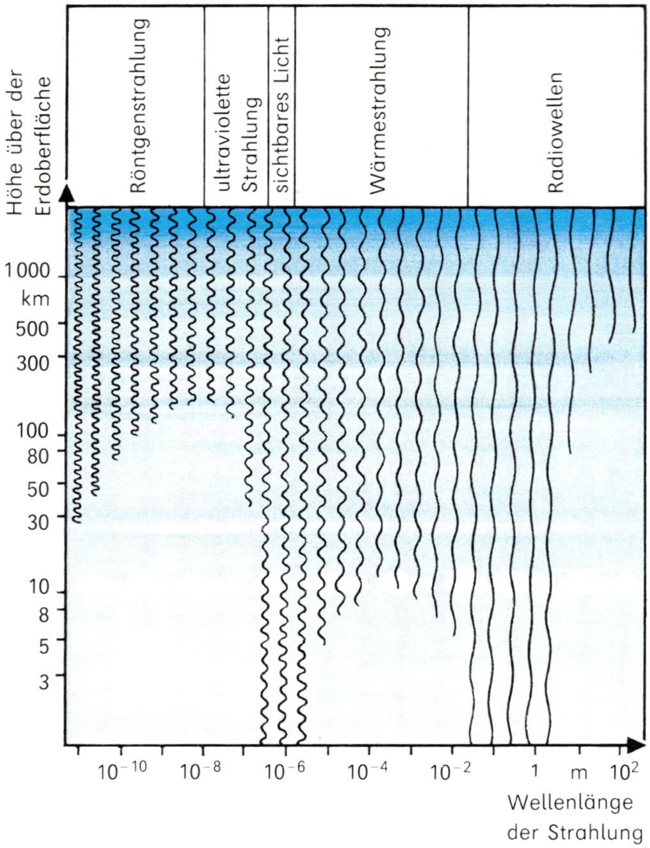

Bild 58/1 Die von der Sonne ausgestrahlten elektromagnetischen Wellen werden von der Erdatmosphäre unterschiedlich stark absorbiert. Das Diagramm gibt an, in welcher Höhe über der Erdoberfläche die Stärke der Strahlung auf $^1/_3$ des ursprünglichen Wertes gesunken ist.

Die von der Sonne stammenden **Teilchen** werden wegen ihrer elektrischen Ladung durch das Magnetfeld der Erde in die Polgebiete der Erde gelenkt.

Wirkungen der Sonnenstrahlung. Die Sonnenstrahlung ermöglicht durch das **Licht** und die **Wärme** das Leben auf der Erde. Die von der Sonne zur Erde übertragene Energie ist außerordentlich groß.
Die durch die Sonnenaktivität veränderte Strahlung macht sich im erdnahen Raum und auf der Erde in unterschiedlicher Weise bemerkbar:
Starke Teilchenstrahlung infolge von Sonneneruptionen bewirkt in der Hochatmosphäre der Erde die **Polarlichter** (Farbtafel, Bild 4). Auch die **magnetischen Stürme**, das sind kurzzeitige schnelle Änderungen des Magnetfeldes der Erde, werden durch die Teilchenstrahlung hervorgerufen. Sie können sogar die drahtgebundene Nachrichtenübertragung auf der Erde beeinträchtigen. Die bei Eruptionen verstärkt auftretende Ultraviolett- und Röntgenstrahlung der Sonne verändert die elektrischen Eigenschaften der Ionosphäre der Erde. Dadurch wird die Ausbreitung von Kurzwellen beeinflußt und der Funkverkehr auf Kurzwelle gestört.

Sonnenspektrum. Um die Mitte des 19. Jahrhunderts entwickelten der Chemiker ROBERT BUNSEN (1824 bis 1887) und der Physiker GUSTAV ROBERT KIRCHHOFF (1811 bis 1899) die **Spektralanalyse**; das ist die Untersuchung von Eigenschaften der Lichtquellen durch Zerlegung ihres Lichtes. Weißes Licht wird beim Durchgang durch ein Glasprisma oder ein Gitter in unterschiedliche Farben zerlegt (↗ Farbtafel im Lehrbuch Physik, Kl. 10).

▶ **Ein Spektrum ist ein farbiges Lichtband. Es entsteht bei der Zerlegung des weißen Lichtes.**

Wenn weißes Licht einer heißen Lichtquelle vor der Zerlegung durch kühlere Gase hindurchtritt, entstehen in dem Farbenband dunkle *Absorptionslinien*. Ihre Anzahl und Anordnung sind typisch für die chemische Zusammensetzung des durchstrahlten Gases.
Das Sonnenspektrum enthält dunkle Absorptionslinien. Durch die Spektralanalyse des Sonnenlichtes ist es möglich, die Temperatur und die chemische Zusammensetzung der Photosphäre zu bestimmen. Wasserstoff (73% der Masse) und Helium (25% der Masse) bilden ihre Hauptbestandteile.
Die Entdeckung der Spektralanalyse durch KIRCHHOFF und BUNSEN war ein ganz wesentlicher Schritt auf dem Wege zur Erkenntnis wichtiger Eigenschaften der Sonne und anderer Sterne. Damit wurde es zum ersten Male möglich, die chemische Zusammensetzung von weit entfernten und für die Menschen unerreichbaren Himmelskörpern – der Sonne und anderer Sterne – zu ermitteln und auf der Erde vorkommende bekannte chemische Elemente auf ihnen nachzuweisen. Das Element Helium wurde z. B. im Sonnenspektrum entdeckt, lange bevor man es auf der Erde nachweisen konnte.
Auch heute hat die Spektralanalyse für die Ermittlung der chemischen Zusammensetzung von Sternen und der auf diesen Sternen herrschenden Temperaturen große Bedeutung. ①

Strahlungsleistung. Wie schnell die Sonne Energie abstrahlt, wird durch die **Strahlungsleistung** $P_{Str\odot}$ angegeben. In der Astronomie benutzt man statt des Wortes Strahlungsleistung das Wort **Leuchtkraft**.

▶ **Die Leuchtkraft $P_{Str\odot}$ der Sonne wird als Quotient aus abgestrahlter Energie und dazu erforderlicher Zeit berechnet.**
Es gilt: $P_{Str\odot} = \frac{E}{t}$

Auf der Erde wird je Quadratmeter Fläche die Leistung $P = 1{,}36$ kW gemessen.

① Beschreiben Sie das Spektrum des Sonnenlichtes! Welche Informationen können dem Sonnenspektrum entnommen werden?

■ Berechnen Sie die Leuchtkraft $P_{Str\odot}$ der Sonne!

Analyse: Gesucht: $P_{Str\odot}$
Gegeben:
Strahlungsleistung je Quadratmeter Erdoberfläche
$P = 1,36\ kW \cdot m^{-2}$
Entfernung Sonne–Erde
$r = 1,5 \cdot 10^{11} m$

Plan der Lösung: Wir denken uns eine Kugel um die Sonne im Abstand der Erde. Der Kugelradius beträgt $r = 1,5 \cdot 10^{11} m$ (Bild 60/1). Der Innenfläche A_0 dieser Kugel würde je Quadratmeter die Leistung $P = 1,36$ kW zugestrahlt werden. Insgesamt wäre auf der Kugel die Leistung $P_{Str\odot} = P \cdot A_0$ zu messen, wobei $A_0 = 4\pi r^2$ ist.

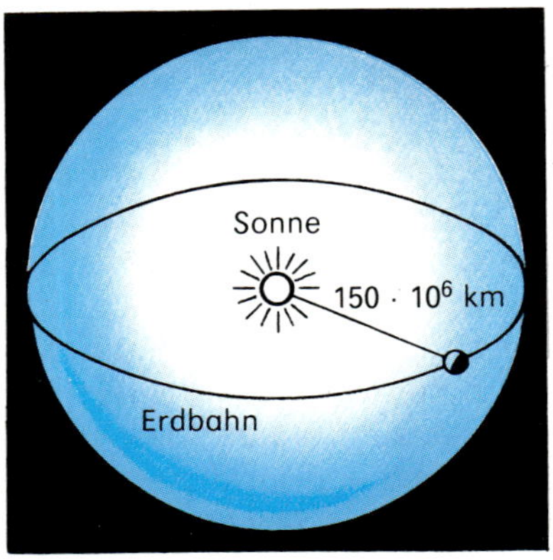

Bild 60/1 Skizze zur Leuchtkraftberechnung

Lösung:

$$P_{Str\odot} = 1,36\ \frac{kW}{m^2} \cdot A_0$$
$$P_{Str\odot} = 1,36 \cdot 10^3 W \cdot m^{-2} \cdot 4\pi \cdot 1,5^2 \cdot 10^{22} m^2$$
$$P_{Str\odot} = 1,36 \cdot 1,5^2 \cdot 4\pi \cdot 10^3 \cdot 10^{22} W \cdot m^{-2} m^2$$
$$P_{Str\odot} = 38 \cdot 10^{25} W$$
$$\underline{\underline{P_{Str\odot} = 3,8 \cdot 10^{23} kW}}$$

Ergebnis: Die Leuchtkraft der Sonne beträgt $3,8 \cdot 10^{23}$ kW.

Energie der Sonne

Während Photosphäre, Chromosphäre und Korona durch Beobachtungen erforscht werden können, lassen sich Aussagen über das Innere der Sonne nur durch theoretische Untersuchungen gewinnen. Sie zeigen, daß Druck, Dichte und Temperatur nach innen stark zunehmen. Im Zentralgebiet der Sonne beträgt die Temperatur etwa $15 \cdot 10^6$ K, die Dichte etwa $150\ g \cdot cm^{-3}$. Unter diesen Bedingungen können Atomkerne des Wasserstoffs miteinander verschmelzen. Diesen Vorgang nennt man Kernfusion.

► **Bei der Kernfusion im Zentralgebiet der Sonne entstehen Atomkerne des Heliums, und Energie wird freigesetzt.**

Wegen ihrer gleichen elektrischen Ladung können Wasserstoffkerne nur dann miteinander verschmelzen, wenn sie sehr hohe Geschwindigkeiten besitzen. Dazu sind Temperaturen über $5 \cdot 10^6$ K erforderlich; deshalb findet die Kernfusion nur im Zentralgebiet der Sonne statt.
Als Folge der ständig ablaufenden Kernfusion vermindert sich allmählich der Anteil des Wasserstoffs im Zentralgebiet der Sonne, der des Heliums steigt. Die damit verbundene Veränderung der chemischen Zusammensetzung ist ein Merkmal des Entwicklungsprozesses, den die Sonne, wie jeder Stern, durchläuft. Die Sonne wird aber noch sehr lange (rund 6 Milliarden Jahre) so strahlen wie gegenwärtig. ①

Zusammenfassung

Sonne	ein Stern; eine selbstleuchtende Gaskugel großer Masse und hoher Temperatur, die zu $^3/_4$ aus Wasserstoff besteht
Aufbau der Sonne	Sonneninneres, umgeben von Photosphäre, Chromosphäre, Korona
Temperatur der Sonne	Photosphäre: 6000 K Zentrum: $15 \cdot 10^6$ K
Radius der Sonne	700000 km ≈ 100 Erdradien
Masse der Sonne	$2 \cdot 10^{30}$ kg ≈ 300000 Erdmassen
Sonnenaktivität	Gesamtheit aller Sonnenflecken, Eruptionen, Protuberanzen; alle 11 Jahre gehäuft auftretend
Sonnenstrahlung	besteht aus elektromagnetischen Wellen und geladenen Teilchen; von der Erdatmosphäre unterschiedlich absorbiert. Die Zerlegung des Sonnenlichtes ergibt ein Spektrum (farbiges Lichtband) mit Absorptionslinien.
Leuchtkraft der Sonne	Strahlungsleistung der Sonne $P_{Str\odot} = \frac{E}{t} = 3{,}8 \cdot 10^{23}$ kW
Wirkungen der Sonnenstrahlung	Licht, Wärme; Polarlichter, magnetische Stürme, Störungen des Funkverkehrs
Sonnenenergie	durch Kernfusion freigesetzt: $H \longrightarrow He + \text{Energie}$

① Erläutern Sie die Veränderungen der Sonne infolge von Kernfusion und Strahlung!

Sterne 8

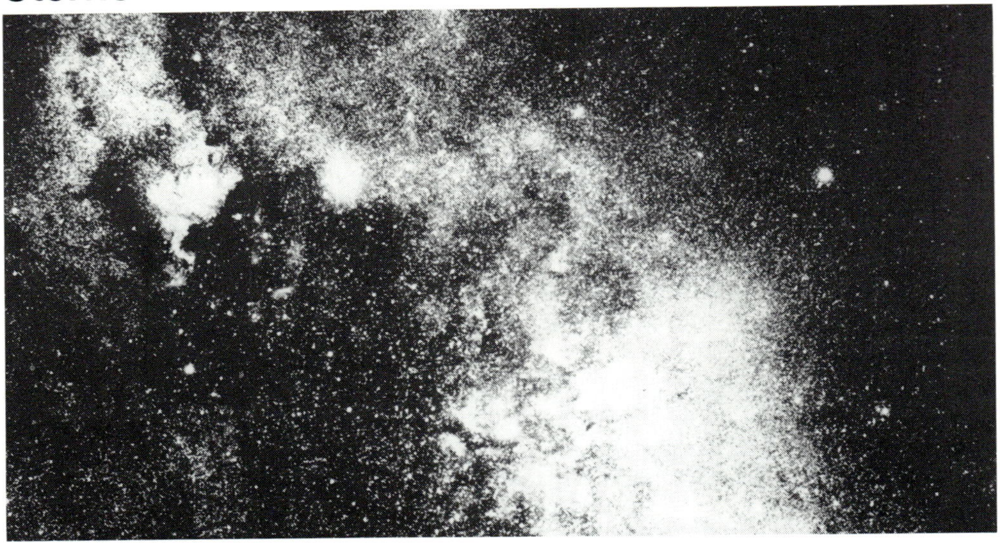

Dieses Bild zeigt einen Ausschnitt aus unserem Milchstraßensystem, einer Ansammlung von etwa 200 Milliarden Sternen. Sie sind außerordentlich weit von der Erde entfernt. Wie kann man dennoch die Entfernungen, die Massen, die Radien und andere charakteristische Größen der Sterne ermitteln?

Helligkeiten der Sterne

► **Alle Sterne sind selbstleuchtende Gaskugeln wie die Sonne.**

Sie sind jedoch – die Sonne ausgenommen – so weit von der Erde entfernt, daß sie mit dem bloßen Auge nur als Lichtpünktchen am Himmel gesehen werden und auch in Fernrohren nur punktförmige Abbildungen ergeben. (Die flächenhaften Bilder der Sterne auf fotografischen Himmelsaufnahmen entstehen durch die Eigenschaften der Aufnahmeoptik und der lichtempfindlichen Schicht des Films; vgl. Bild 70/1.)
Bei jeder Beobachtung des Sternhimmels stellen wir fest: Wir sehen die Sterne an der Himmelskugel unterschiedlich hell; sie besitzen unterschiedliche **scheinbare Helligkeiten** (Beobachtungsaufgabe 8).

► **Die scheinbare Helligkeit *m* eines Sterns gibt an, wie intensiv die von diesem Stern zur Erde gelangende Strahlung ist.**

Sie hängt vor allem von der Leuchtkraft des Sterns und von seiner Entfernung von der Erde ab und darf nicht mit der tatsächlichen Helligkeit des Sterns gleichgesetzt werden. ①②

Um die scheinbaren Helligkeiten *m* der Sterne miteinander zu vergleichen, wird seit dem Altertum die Einheit **Größenklasse** verwendet. Oft bezeichnet man sie auch abgekürzt als **Größe** – lateinisch: magnitudo – des Sterns. Die hellsten Sterne nennt man seither Sterne 1. Größe (Schreibweise 1^m), die schwächsten Sterne, die mit dem bloßen Auge sichtbar sind, Sterne 6. Größe (6^m). In neuerer Zeit wurde diese Helligkeitsskale auf Null und negative Werte erweitert. Außerdem müssen scheinbare Helligkeiten auch für sehr schwache, nur im Fernrohr sichtbare Sterne angegeben werden. Die Helligkeitsskale wurde deshalb auch auf größere positive Werte ausgedehnt (Bild 63/1).

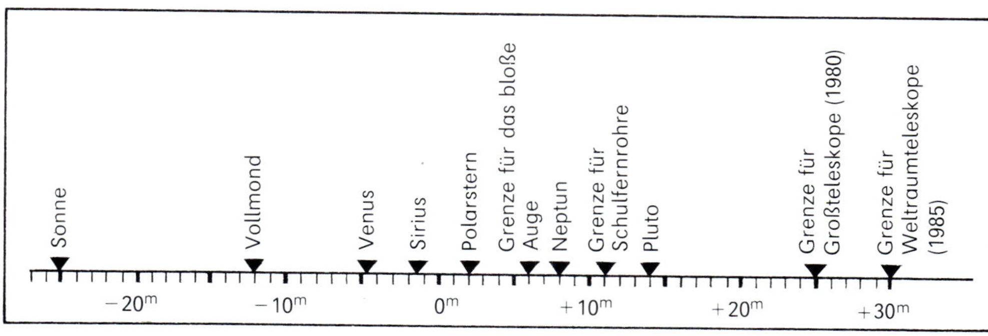

Bild 63/1 Skale der scheinbaren Helligkeit einiger astronomischer Objekte

Zur Bestimmung der scheinbaren Helligkeit eines Sterns ist es z. B. möglich, das Sternlicht auf einen an das Fernrohr angeschlossenen Fotowiderstand fallen zu lassen. Aus der gemessenen Stromstärke bestimmt man dann die scheinbare Helligkeit des betreffenden Sterns. ③

Entfernungen der Sterne

Bei relativ nahen Sternen wird die Entfernung mit Hilfe eines von der Erde aus meßbaren Winkels, der **Parallaxe *p*** des Sterns, ermittelt. Man beobachtet den Stern von zwei einander gegenüberliegenden Punkten der Erdbahn aus (z. B. im Frühjahr und im Herbst). Dabei schließen die Blickrichtungen zum Stern einen Winkel ein, der um so kleiner ist, je weiter der Stern von der Erde entfernt ist (Bild 64/1).

① Erläutern Sie, wie die scheinbare Helligkeit eines Sterns von der Leuchtkraft dieses Sterns abhängt!

② Erläutern Sie, wie die scheinbare Helligkeit eines Sterns von der Entfernung dieses Sterns von der Erde abhängt!

③ Die Sterne Regulus (im Löwen) und Aldebaran (im Stier) haben gleiche Leuchtkraft. Die scheinbaren Helligkeiten betragen für Regulus $m_1 = 1\overset{m}{,}36$ und für Aldebaran $m_2 = 0\overset{m}{,}85$. Wie ist dieser Unterschied zu erklären?

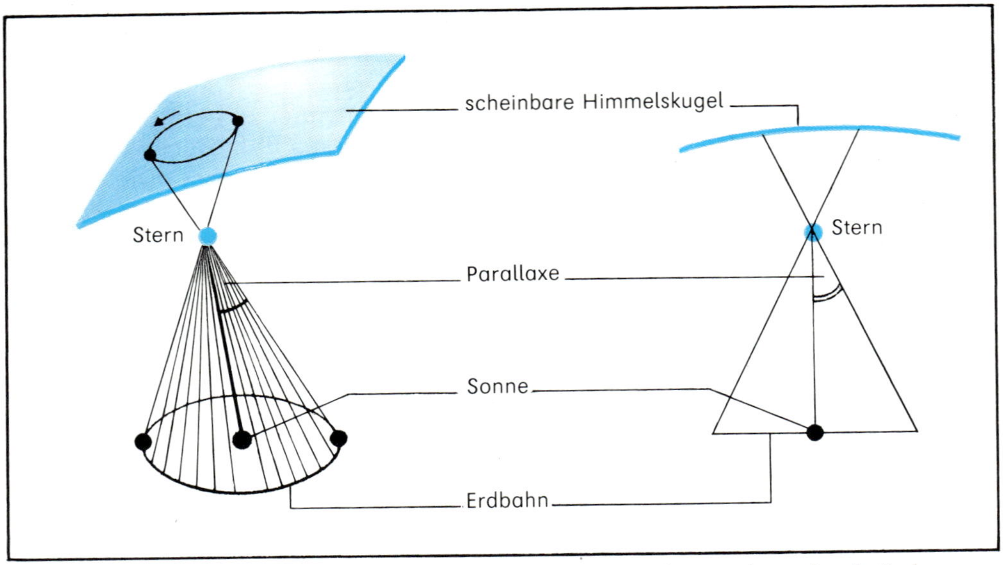

Bild 64/1 Die Blickrichtungen von zwei gegenüberliegenden Punkten der Erdbahn zum Stern schließen einen Winkel ein. Er kann aus der scheinbaren Verschiebung des Sterns an der Himmelskugel relativ zu Hintergrundsternen – Widerspiegelung der wahren Bewegung der Erde – ermittelt werden.

▶ **Die Parallaxe p ist der halbe Winkel zwischen den Blickrichtungen von zwei gegenüberliegenden Punkten der Erdbahn zum Stern.**

Sie beträgt für alle Sterne weniger als eine Bogensekunde $\left(1'' = \frac{1}{3600}^{\circ}\right)$, ist also außerordentlich klein.
Aus der Parallaxe p eines Sterns läßt sich dessen Entfernung r von der Erde mit der Gleichung $r = \frac{1}{p}$ berechnen. Wird p in Bogensekunden eingesetzt, so erhält man die Entfernung r in der Längeneinheit **ein Parsec (1 pc)**. Ein Parsec ist die Entfernung, in der die Parallaxe eine Bogensekunde beträgt. Es gilt: $1\,\text{pc} \approx 3{,}1 \cdot 10^{13}\,\text{km}$. Eine andere astronomische Längeneinheit ist **ein Lichtjahr (1 ly)**; das ist die Strecke, die das Licht im Verlaufe eines Jahres zurücklegt: $1\,\text{pc} \approx 3{,}3\,\text{ly}$. ①

■ Die Parallaxe des Sterns Atair im Sternbild Adler wurde zu $p = 0{,}20''$ gemessen. Wie weit ist Atair vom Sonnensystem entfernt (in pc und ly)?

Analyse: Gesucht: r (in pc und ly) Gegeben: $p = 0{,}20''$

Lösung:
$$r = \frac{1}{p}$$
$$r = \frac{1}{0{,}20}\,\text{pc}$$
$$r = 5{,}0\,\text{pc} \approx 16\,\text{ly}$$

Ergebnis: Die Entfernung des Sterns Atair vom Sonnensystem beträgt 5 pc ≈ 16 ly. ②

Die ersten Parallaxenmessungen wurden u. a. im Jahre 1838 von dem deutschen Astronomen FRIEDRICH WILHELM BESSEL durchgeführt. Damit war es erstmals möglich, kosmische Entfernungen über das Planetensystem hinaus zu messen und nachzuweisen, daß die Sterne unterschiedlich weit von der Erde entfernt sind.
Mit dieser Methode sind Sternentfernungen bis zu 100 pc meßbar. Für weiter entfernte Sterne wird die Entfernung aus den Leuchtkräften und den scheinbaren Helligkeiten dieser Sterne ermittelt.

Temperaturen und Leuchtkräfte der Sterne

Viele Eigenschaften der Sterne können ermittelt werden, indem man das *Spektrum des Sternlichtes* untersucht. Eine dieser Eigenschaften ist die chemische Zusammensetzung der Sternatmosphären. Die Sternspektren enthalten bis auf ganz wenige Ausnahmen Absorptionslinien, wie wir sie bereits im Spektrum der Sonne kennengelernt haben. Die Spektren der einzelnen Sterne unterscheiden sich auch darin, welche Farbe des kontinuierlichen Untergrundes am intensivsten ist, außerdem in der Anzahl, der Anordnung und der Stärke der Absorptionslinien. Dies ist auf die unterschiedlichen Photosphärentemperaturen der Sterne zurückzuführen (Farbtafel, Bild 5).
Die Temperatur der Photosphäre eines Sterns kann aus dem Sternspektrum bestimmt werden. Bei Beobachtungen heller Sterne (Beobachtungsaufgabe 9) haben wir erkannt, daß diese unterschiedliche Färbungen aufweisen. Die Sterne verhalten sich ähnlich wie ein glühendes Stück Eisen, das bei steigender Temperatur zunächst dunkelrot, dann gelb und schließlich weiß strahlt. Je höher die Temperatur, desto kürzer ist die Wellenlänge des Lichtes, das von dem Stern am intensivsten ausgestrahlt wird. Aus der Farbe kann auf die Temperatur des Sterns geschlossen werden. Insbesondere ist der Unterschied in den Spektren der Sterne eine Folge der unterschiedlichen Temperaturen in ihren Photosphären.
Auch zur Bestimmung der Leuchtkraft eines Sterns kann sein Spektrum genutzt werden. Man schließt dabei aus der Breite bestimmter Absorptionslinien auf die Leuchtkraft: Schmale (scharfe) Linien weisen auf hohe Leuchtkraft, breite (verwaschene) Linien – bei sonst gleichem Spektrum – auf niedrige Leuchtkraft hin (Bild 65/1).

Bild 65/1 Ausschnitte aus den Spektren zweier Sterne. Das obere Spektrum stammt von einem Weißen Zwerg, das untere von einem Überriesen. Die große Breite der Wasserstofflinien in dem oberen Spektrum ist ein Zeichen für die geringe Leuchtkraft des Sterns.

① Wie lange benötigt das Licht, um eine Strecke von 1 pc (4,3 pc; 15 pc) zurückzulegen?
② Die Parallaxe des Sterns Sirius im Sternbild Großer Hund beträgt $p = 0{,}375''$. Wie weit ist Sirius von der Erde entfernt? Geben Sie das Resultat in pc und in ly an!

Temperaturen und Leuchtkräfte von Sternen

Temperaturen	von 2500 K bis mehr als 50000 K
Leuchtkräfte	vom etwa 10^{-5}fachen bis etwa 10^{5}fachen der Sonnenleuchtkraft

①

Hertzsprung-Russell-Diagramm

Wenn ein Stern eine geringe Leuchtkraft besitzt, so bedeutet dies keinesfalls immer, daß auch seine Photosphärentemperatur niedrig sein muß. Der Zusammenhang zwischen den Temperaturen und den Leuchtkräften der Sterne ist Anfang unseres Jahrhunderts von zwei Astronomen, dem Dänen EJNAR HERTZSPRUNG und dem Amerikaner HENRY N. RUSSELL, untersucht worden. Sie ermittelten für sehr viele Sterne die Temperaturen und die Leuchtkräfte und trugen die gewonnenen Größen in ein Temperatur-Leuchtkraft-Diagramm ein. In diesem nach den beiden Forschern benannten **Hertzsprung-Russell-Diagramm** (HRD) ist jeder Stern durch einen Punkt abgebildet. Diese Punkte häufen sich in bestimmten Bereichen des Diagramms, den *Besetzungsgebieten* (Farbtafel, Bild 3). Aus historischen Gründen wird das Hertzsprung-Russell-Diagramm stets so gezeichnet, daß die Photosphärentemperaturen von rechts nach links zunehmen; außerdem sind beide Achsen des Diagramms nicht linear geteilt.
Die wichtigsten Besetzungsgebiete im HRD sind die *Hauptreihe*, das Gebiet der *Riesen* und das der *Weißen Zwerge*.
Hauptreihensterne. Die Diagrammpunkte der meisten Sterne gehören der Hauptreihe an. **Je höher die Photosphärentemperatur der Hauptreihensterne ist, desto größer ist auch ihre Leuchtkraft.**
Riesen. Diese Sterne haben größere Leuchtkräfte als die Hauptreihensterne gleicher Photosphärentemperaturen. Riesensterne haben größere Radien als Hauptreihensterne. Das kann man wie folgt erklären: Bei Sternen gleicher Photosphärentemperatur gibt jeder Quadratmeter der Photosphäre auch die gleiche Strahlungsleistung ab. Die höhere Leuchtkraft eines Riesensterns im Vergleich zu einem Hauptreihenstern gleicher Temperatur ist demzufolge durch die größere Oberfläche bedingt.
Weiße Zwerge. Diese Sterne, die trotz relativ hoher Photosphärentemperaturen nur geringe Leuchtkräfte besitzen, haben sehr kleine Radien. Hier liegt der den Riesensternen entgegengesetzte Fall vor. ②③

Radien, Massen und mittlere Dichten der Sterne

Radien von Sternen. Aus der Zuordnung eines Sterns zu einem der Besetzungsgebiete des Hertzsprung-Russell-Diagramms kann man eine Aussage über den ungefähren **Sternradius** gewinnen. Durch eingehendere Untersuchungen der Sternstrahlung wurde es möglich, die Radien vieler Sterne mit größerer Genauigkeit zu ermitteln. Dabei ergab sich: Sterne mit extrem großen Radien (Überriesen) sind sehr selten; in der Hauptreihe nehmen die Radien der Sterne von links oben nach rechts unten ab.

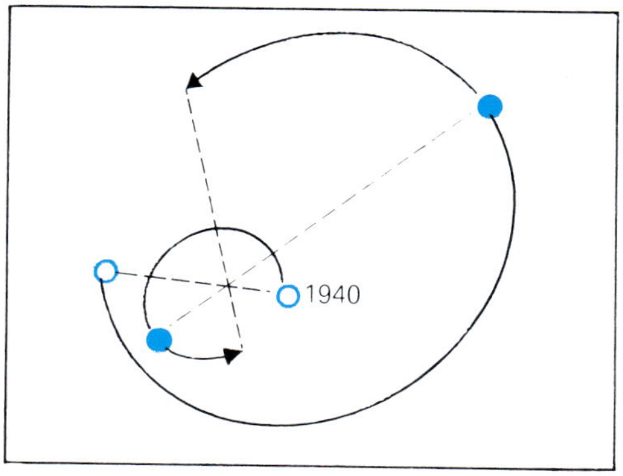

Bild 67/1 Doppelstern, von der Erde aus beobachtet

Doppelsterne. Ein Paar räumlich eng benachbarter Sterne heißt Doppelstern. Ein Doppelstern erscheint dem bloßen Auge als ein einziger Stern; bei vielen derartigen Paaren können die beiden Sterne mit dem Fernrohr aber getrennt gesehen werden. (Vergleichen Sie hierzu Ihre Ergebnisse der Beobachtungsaufgabe 10!) Die in einem Doppelstern vereinigten Sterne bewegen sich unter dem Einfluß der Gravitationskräfte umeinander; dabei sind die Umlaufzeiten oft sehr groß und können mehrere hundert Jahre betragen (Bild 67/1). ④

Massebestimmung bei Doppelsternen. Da die Gravitationskraft von den Massen abhängig ist, lassen sich aus der Beobachtung der Umlaufzeit und der Entfernung zwischen den beiden Sternen eines Doppelsterns die Massen dieser Sterne errechnen.

Trägt man die so bestimmten Massen der Sterne in das Hertzsprung-Russell-Diagramm ein, so erkennt man, daß die Sterne in der Hauptreihe entsprechend ihren Massen angeordnet sind. **Hauptreihensterne hoher Leuchtkraft sind massereiche, Hauptreihensterne niedriger Leuchtkraft sind massearme Sterne** (Bild 68/1). Bei Riesen und Überriesen ist keine solche Gesetzmäßigkeit vorhanden; sie haben kaum größere Massen als Hauptreihensterne.

Radien und Massen von Sternen

Radien	bei Überriesen	von 20 bis 750 Sonnenradien
	bei Riesen	von 3 bis 40 Sonnenradien
	bei Hauptreihensternen	von 0,5 bis 8 Sonnenradien
	bei Weißen Zwergen	0,01 Sonnenradien
Massen	von 0,1 bis 120 Sonnenmassen	

① Wie wird die Leuchtkraft der Sonne ermittelt?
② Ein Hauptreihenstern und ein Riesenstern haben jeweils die 100fache Leuchtkraft der Sonne. Wie groß sind ungefähr ihre Photosphärentemperaturen? Warum können diese Temperaturen nicht gleich sein?
③ Erklären Sie, warum ein Weißer Zwerg einen kleineren Radius als ein Hauptreihenstern gleicher Leuchtkraft hat!
④ Erklären Sie, warum ein Doppelstern nicht stabil wäre, wenn beide Sterne keine Umlaufbewegung ausführen würden!

Angaben über einige Sterne

Stern	Besetzungs-gebiet	Temperatur T in K	Leuchtkraft P_{Str} in $P_{Str\odot}$	Masse m in $m_\odot$
Sonne	Hauptreihe	5800	1	1
α Centauri	Hauptreihe	5800	1,3	1
Sirius A	Hauptreihe	9500	23	2,2
Wega	Hauptreihe	9900	50	3,2
Arktur	Riese	4300	200	4,2
Antares	Überriese	3300	30000	19
Rigel	Überriese	11200	200000	40

①②

Mittlere Dichte. Aus dem Radius und der Masse eines Sterns kann seine **mittlere Dichte** berechnet werden.

Mittlere Dichte der Sterne (gerundete Werte)

Überriesen	10^{-7} g · cm^{-3}
Riesen	10^{-5} bis 10^{-2} g · cm^{-3}
massereiche Hauptreihensterne	10^{-2} g · cm^{-3}
massearme Hauptreihensterne	3 g · cm^{-3}
Weiße Zwerge	10^{6} g · cm^{-3}

③④

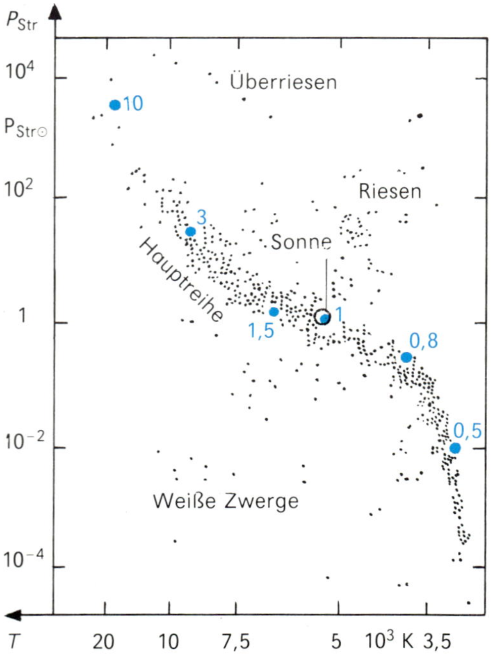

Bild 68/1 Hertzsprung-Russell-Diagramm. Für einige Sterne sind die Massen (in Vielfachen der Sonnenmasse) eingetragen.

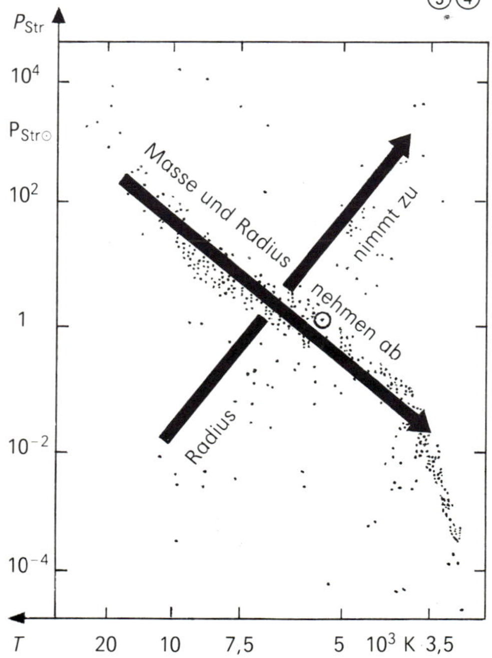

Bild 68/2 Vergleich der Massen und Radien der Sterne im Hertzsprung-Russell-Diagramm

Schreibt man zu jedem Diagrammpunkt eines Sterns im HRD die Masse und den Radius, so ergibt sich folgendes Bild: Entlang der Hauptreihe nehmen die Massen und die Radien der Sterne von links oben nach rechts unten ab. Demgegenüber steigen die mittleren Dichten der Sterne von rechts oben nach links unten. In entgegengesetzter Richtung wächst der Radius (Bild 68/2). Man kann also bei der Auswertung des Spektrums eines Sterns Kenntnis über Temperatur und Leuchtkraft erhalten und bei Hauptreihensternen aus dem Ort seines Diagrammpunktes im Hertzsprung-Russell-Diagramm auch Radius, Masse und mittlere Dichte dieses Sterns annähernd bestimmen. ⑤

Entstehung und Entwicklung der Sterne

Entstehung der Sterne. Die Erkenntnis, daß die Sterne nicht ewig bestehen, ist etwa 250 Jahre alt. Der deutsche Philosoph IMMANUEL KANT (1724 bis 1806) entwickelte als erster Ideen, wie mit Hilfe der Newtonschen Mechanik eine wissenschaftliche Erklärung für die natürliche Entstehung der Himmelskörper gegeben werden kann.

Nach KANT war es vor allem FRIEDRICH WILHELM HERSCHEL, der die Idee der Sternentwicklung vertrat. Von ihm stammt die Erkenntnis, daß die heute existierenden Sterne nicht gleichzeitig entstanden sein können. Er untermauerte dies durch ein umfangreiches Beobachtungsmaterial.

Das wesentliche Wissen über die Sternentstehung und -entwicklung konnte aber erst gewonnen werden, nachdem 1938 der Vorgang der Energiefreisetzung in den Sternen enträtselt worden war. Heute wissen wir: **Sterne entstehen aus interstellarem Gas und Staub** (interstellar, lateinisch, zwischen den Sternen befindlich).

Die Gas- und Staubmassen (Bild 70/1) befinden sich, Wolken vergleichbar, in vielen Bereichen des Weltraums zwischen den Sternen. Da sich nur etwa 1 Gasteilchen in jedem cm^3 befindet, haben sie eine außerordentlich geringe Dichte, sie sind aber zumeist sehr weit ausgedehnt. Eine interstellare Wolke aus einem Gas-Staub-Gemisch oder ein Teil von ihr kann sich, wenn die Masse der Wolke und damit die Gravitationskräfte zwischen den Teilchen groß genug sind, zusammenziehen. Bei diesem Vorgang erhöht sich die Temperatur der Wolke, bis nach einigen Millionen Jahren im Zentrum der Wolke so hohe Temperaturen und Dichten erreicht werden, daß die Energiefreisetzung durch Bildung von Heliumkernen aus Wasserstoffkernen einsetzt. Die Verdichtung kommt damit zum

---

① Vergleichen Sie den kleinsten Sternradius mit dem Erdradius!

② Bestimmen Sie mit Hilfe des HRD die Masse des Hauptreihensterns Atair, dessen Leuchtkraft 10 $P_{Str\odot}$ und dessen Photosphärentemperatur 8000 K beträgt!

③ Weshalb ist auf die Bezeichnung *mittlere* Dichte Wert zu legen?

④ Berechnen Sie die mittlere Dichte der Sonne!

⑤ Der Stern Aldebaran im Sternbild Stier besitzt eine Photosphärentemperatur von 3600 K und eine Leuchtkraft vom Dreihundertfachen der Sonnenleuchtkraft. Zeichnen Sie seinen Diagrammpunkt in ein Hertzsprung-Russell-Diagramm ein und ermitteln Sie, zu welchem Besetzungsgebiet er gehört!

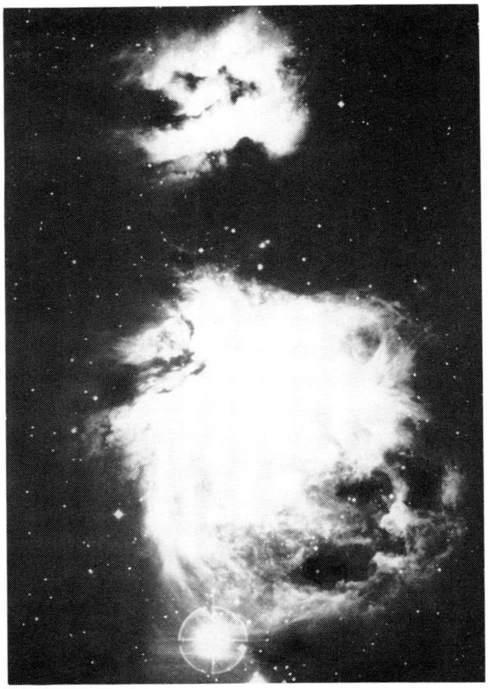

Bild 70/1 Interstellare Gas-Staub-Wolke. Sie besteht zu rund 99% aus Gas (vorwiegend Wasserstoff); 1% sind mikroskopisch kleine Staubteilchen. Die kreuz- und kreisförmigen Figuren um die Abbilder der hellsten Sterne entstehen durch die Beugung des Lichtes an Teilen des Teleskops.

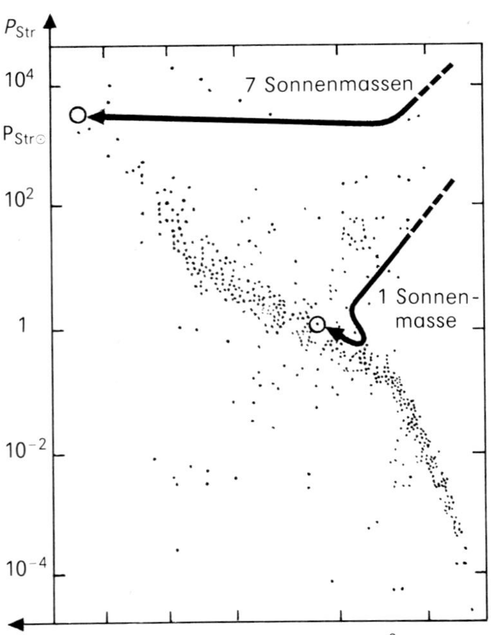

Bild 70/2 Während der Verdichtung verändert ein entstehender Stern Temperatur und Leuchtkraft und damit den Ort seines Diagrammpunktes im Hertzsprung-Russell-Diagramm relativ schnell.

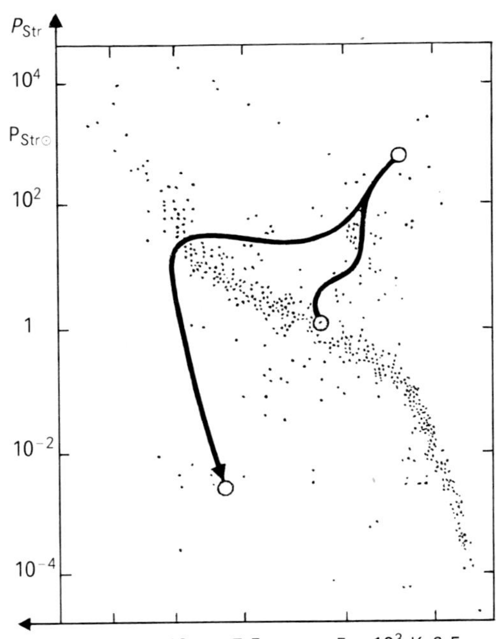

Bild 70/3 Entwicklung eines Sterns mit einer Sonnenmasse, dargestellt im Hertzsprung-Russell-Diagramm. Der dargestellte Vorgang dauert etwa 8 · 10^9 Jahre.

Stillstand; aus der interstellaren Wolke ist ein Stern geworden. Solche Prozesse finden im Weltall seit Milliarden von Jahren statt. Auch gegenwärtig entstehen auf diese Weise neue Sterne. ①

Für die entstehenden Sterne lassen sich entsprechende Punkte in das Hertzsprung-Russell-Diagramm eintragen. Mit zunehmender Verdichtung der Sterne ändern die Punkte ihren Ort im Diagramm (Bild 70/2). Somit ist die Ortsveränderung der Diagrammpunkte im HRD ein Ausdruck der Sternentwicklung.

Wolken, deren Masse kleiner als 0,08 Sonnenmassen ist, heizen sich in ihren Zentralgebieten nicht stark genug auf; in ihnen findet keine Kernfusion statt. Solche Objekte kühlen aus, ohne daß aus ihnen Sterne, d. h. selbstleuchtende Himmelskörper, entstehen.

Entwicklung der Sterne. Für einen sehr langen Zeitraum bleibt ein neu entstandener Stern ein Hauptreihenstern. Weil in seinem Zentrum ständig Energie durch Kernfusion freigesetzt wird, verringert sich dort allmählich der Wasserstoffvorrat, und Helium wird immer stärker angereichert. Das „ausgebrannte" Zentralgebiet zieht sich unter gleichzeitiger Temperaturerhöhung zusammen, die äußeren Schichten des Sterns dehnen sich hingegen aus. Damit vergrößert sich der Sternradius, es entsteht ein Riesenstern (Bild 70/3). **Die Entwicklung eines Sterns vom Hauptreihen- zum Riesenstadium hängt also eng mit der Freisetzung von Energie zusammen.** Da die massereichen Sterne der Hauptreihe mehr Energie je Zeiteinheit freisetzen, also eine sehr viel höhere Leuchtkraft als die masseärmeren haben, verbrauchen sie den Wasserstoff in ihren Zentralgebieten schneller und entwickeln sich in kürzerer Zeit zu Riesensternen als die masseärmeren Sterne.

Riesenstadium. Die Temperatur im Zentralgebiet eines Riesensterns beträgt etwa 10^8 K. Das ermöglicht den Ablauf weiterer Kernfusionsprozesse, bei denen sich aus Heliumkernen unter Energiefreisetzung schwerere Atomkerne (Kohlenstoff, Sauerstoff) bilden. Daneben verläuft, aber außerhalb des Sternzentrums in einer Kugelschale, die Verschmelzung von Wasserstoffkernen zu Heliumkernen weiter.

Das Riesenstadium eines Sterns dauert, verglichen mit dem Hauptreihenstadium, nicht lange. Im Riesenstadium kann der Stern zu pulsieren beginnen; dabei nimmt sein Radius periodisch zu und ab. *Pulsierende Sterne* gehören zu der großen Zahl der **veränderlichen Sterne**. Das sind Sterne, die durch Schwankungen ihrer scheinbaren Helligkeit auffallen. Mit Ausnahme der Masse ändern sich bei einem pulsierenden Stern in rascher Folge viele charakteristische Größen, z. B. der Radius und die Photosphärentemperatur (Bild 72/1). ②③

Viele Riesensterne stoßen Teile ihrer äußeren Bereiche in den Weltraum ab. Das kann durch einen starken Teilchenstrom, aber auch durch explosionsartige Vorgänge geschehen (↗ Bild 53/1).

① Weshalb läuft die Kernfusion nur bei sehr hohen Temperaturen und Dichten ab?
② Warum erlöschen die Kernfusionsprozesse im Inneren jedes Sterns schließlich?
③ Vergleichen Sie den Radius eines Weißen Zwerges mit dem der Sonne und mit dem der Erde!

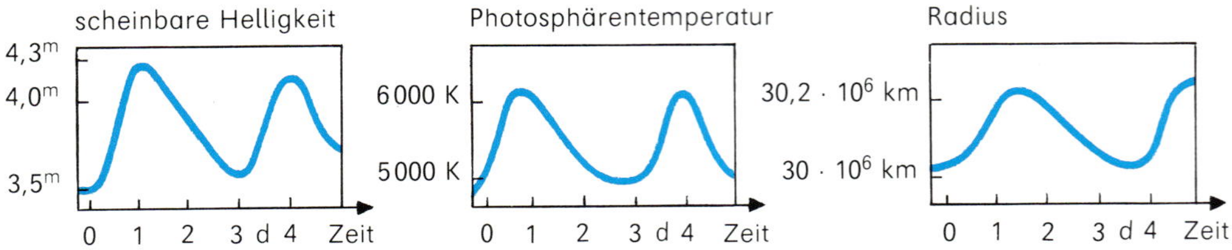

Bild 72/1 Ursache für die beobachtete Änderung der scheinbaren Helligkeit eines pulsierenden Sterns sind die Änderungen seines Radius und seiner Photosphärentemperatur.

Spätstadium. Erlischt die Kernfusion im Stern, dann beginnt das **Spätstadium** der Sternentwicklung. Der Stern zieht sich unter dem Einfluß der Gravitationskräfte sehr stark zusammen und kühlt langsam aus. Sterne mit weniger als 1,5 Sonnenmassen – und das sind die meisten Sterne – werden so zu Weißen Zwergen. Sie haben sehr hohe Dichten (etwa 10^6 g · cm^{-3}).
Aus massereicheren Sternen können Neutronensterne – ihre Dichte beträgt etwa 10^{14} g · cm^{-3} – oder Objekte mit noch höherer Dichte („Schwarze Löcher") entstehen. ①②

Entstehung und Entwicklung der Planeten

Die Entstehung und Entwicklung der Planeten ist in vielen Einzelheiten noch nicht bekannt. Die heutigen Vorstellungen gehen davon aus, daß die Planeten gemeinsam mit der Sonne in einem Gas-Staub-Nebel, dem Sonnennebel, entstanden sind. Als zentrale Verdichtung des Sonnennebels bildete sich die Sonne. In den nach außen zu immer kühler werdenden Bereichen des Nebels schieden sich Teilchen fester Stoffe und Flüssigkeiten aus dem Gas ab. Bei Zusammenstößen verschmolzen sie zu immer größeren Gebilden, die schließlich die Größe von Planeten erreichten.
Besonders massereiche Planeten konnten durch große Gravitationskräfte beträchtliche Mengen von Nebelgas an sich binden. So entstanden im Sonnensystem die Planeten Jupiter und Saturn, die von fast gleicher chemischer Zusammensetzung wie die Sonne sind. Die erdartigen Planeten bildeten sich in den heißeren Innenbereichen des Sonnennebels, wo sich hauptsächlich Eisen und andere schwer schmelzbare Stoffe (Gesteine) abschieden. Diese Planeten enthalten daher bedeutend weniger Wasserstoff und Helium als die jupiterartigen Planeten. Nach ihrer Entstehung heizten sich alle Planeten durch die Energiefreisetzung beim Zerfall radioaktiver Stoffe in ihrem Inneren auf, wodurch die erdartigen Planeten teilweise schmolzen. Durch Abkühlung an der Oberfläche bildete sich bei ihnen eine zunehmend dichter werdende *Gesteinskruste*. Der Aufprall fester Körper, deren Größe zum Teil die der heutigen Planetoiden erreichte, bewirkte unzählige *Einschlagkrater*. Sie sind beim Mond sowie bei Merkur und Mars noch heute gut zu sehen; auf der Erde wurden sie durch geologische Prozesse und durch den Einfluß des Klimas zerstört.
Beim Aufschmelzen des Planeteninneren wurden Gase frei. Sie bildeten die *Uratmosphären* der Planeten. Der heutige Zustand der Planeten ist das Ergebnis ei-

ner langen Entwicklung. Diese Entwicklung vollzieht sich weiter. Auf allen Planeten sind physikalische und chemische Einflüsse wirksam. Oberfläche und Atmosphäre der Erde verändern sich auch durch die Einwirkungen der Lebewesen, insbesondere der Menschen.

Zusammenfassung

Sterne	selbstleuchtende Gaskugeln großer Masse und hoher Temperatur, als Lichtpunkte unterschiedlicher scheinbarer Helligkeiten beobachtbar
Parallaxe p	halber Winkel zwischen den Blickrichtungen von zwei gegenüberliegenden Punkten der Erdbahn zum Stern
Entfernung eines Sterns	bestimmbar – aus der Parallaxe: $r = \frac{1}{p}$ (BESSEL um 1840 u. a.) r in pc, p in Bogensekunden – aus Leuchtkraft und scheinbarer Helligkeit
Photosphärentemperatur und Leuchtkraft eines Sterns	bestimmbar aus dem Sternspektrum, charakterisieren die Lage seines Diagrammpunktes im Hertzsprung-Russell-Diagramm (Spektralanalyse; BUNSEN, KIRCHHOFF um 1860)
Radius eines Sterns	genähert bestimmbar aus der Lage seines Diagrammpunktes im Hertzsprung-Russell-Diagramm
Masse eines Sterns	bei Doppelsternen bestimmbar aus der Bewegung, bei Hauptreihensternen aus dem Hertzsprung-Russell-Diagramm
Entstehung eines Sterns	durch Zusammenziehung einer interstellaren Gas-Staub-Wolke infolge der Gravitationskraft
Entwicklung eines Sterns	vom Hauptreihenstadium über das Riesenstadium zum Spätstadium (hauptsächlich zu Weißen Zwergen)
Entstehung der Planeten	im Sonnennebel durch Verschmelzung gasförmiger, flüssiger und fester Bestandteile

① Charakterisieren Sie den heutigen Entwicklungsstand der Sonne mit Hilfe des HRD!

② Beschreiben Sie am Beispiel der Sonne die Entstehung und Entwicklung eines Sterns! Nutzen Sie dazu auch das HRD!

Sternsysteme und Metagalaxis 9

Im Jahre 1929 gelang dem amerikanischen Astronomen EDWIN POWELL HUBBLE eine der aufregendsten astronomischen Entdeckungen unseres Jahrhunderts: Alle Sternsysteme im Weltall bewegen sich wie die Trümmer eines detonierenden Sprengkörpers voneinander weg. Ist der gesamte Kosmos einst explodiert?

Galaxis

Die Sterne sind in großen Ansammlungen vereinigt, die als **Sternsysteme (Galaxien)** bezeichnet werden. Auch die Sonne gehört zu einem solchen Sternsystem, das insgesamt etwa $2 \cdot 10^{11}$ Sterne umfaßt.

Das Sternsystem, zu dem die Sonne gehört, ist das Milchstraßensystem (die Galaxis).

Ein Teil der Sterne der Galaxis ist in lockeren Ansammlungen, den **offenen Sternhaufen**, oder in dichteren Zusammenballungen, den **kugelförmigen Sternhaufen**, vereinigt.

Sternhaufen sind Ansammlungen zusammengehöriger Sterne im Milchstraßensystem (auch in anderen Sternsystemen).

Offene Sternhaufen umfassen jeweils einige hundert meist relativ junge Sterne (Bild 75/1). Diese Sterne stehen, wie wir durch eigene Beobachtung nachprüfen können, an der Himmelskugel deutlich dichter gedrängt als die Umgebungssterne (Beobachtungsaufgabe 11).

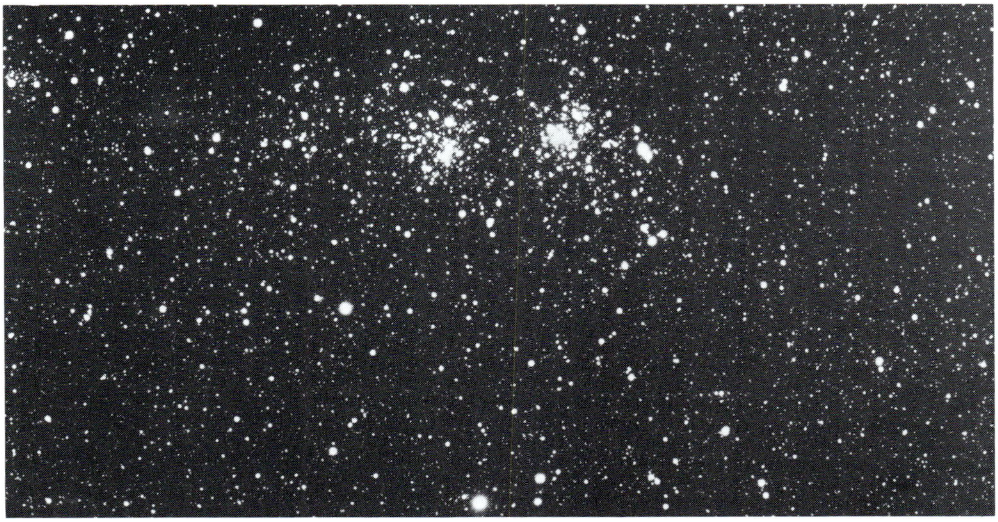

Bild 75/1 Zwei offene Sternhaufen im Sternbild Perseus. Beide sind rund 7000 ly von der Erde entfernt; jeder der beiden Sternhaufen umfaßt rund 300 Sterne.

Kugelförmige Sternhaufen (Bild 75/2) enthalten einige hunderttausend bis einige Millionen Sterne. Diese Sternhaufen gehören zu den ältesten Objekten in der Galaxis. ①

Bild 75/2 Die Sterndichte in den zentralen Gebieten kugelförmiger Sternhaufen ist so hoch, daß auch mit großen Beobachtungsinstrumenten diese in der Regel nicht restlos in Einzelsterne aufgelöst werden können.

① In welchem Besetzungsgebiet des Hertzsprung-Russell-Diagramms befinden sich die Diagrammpunkte junger Sterne?

Außer den Sternen sind in der Galaxis interstellare Gas- und Staubmassen von sehr geringer Dichte vorhanden, die zum Teil von benachbarten Sternen angestrahlt werden und dann als helle Nebel zu beobachten sind (↗ Bild 70/1). Ausgedehnte und relativ dichte Staubmassen können auch als Dunkelwolken wahrgenommen werden, weil sie das Licht der dahinter befindlichen Sterne absorbieren und dadurch sternleere Gebiete vortäuschen (Bild 76/1).
Das **Zentralgebiet** der Galaxis wird von einer dichten Ansammlung von Sternen und Gas gebildet. Die meisten Sterne der Galaxis ordnen sich in Form einer **Scheibe** an, in der die jüngsten, heißesten Sterne gemeinsam mit offenen Sternhaufen sowie mit interstellarem Gas und Staub in Gestalt von Spiralarmen konzentriert sind (Bilder 76/2 und 76/3). Zentralgebiet und Scheibe sind in eine Wolke aus kugelförmigen Sternhaufen und Einzelsternen eingebettet, sie wird **Halo** (griechisch: Hof, Umgebung) genannt.

Bild 76/1 Pferdekopfnebel.
Vor dem hellen Nebel lagert eine dichte, undurchsichtige Staubmasse. Sie tritt auf der Aufnahme als Dunkelnebel in Erscheinung.

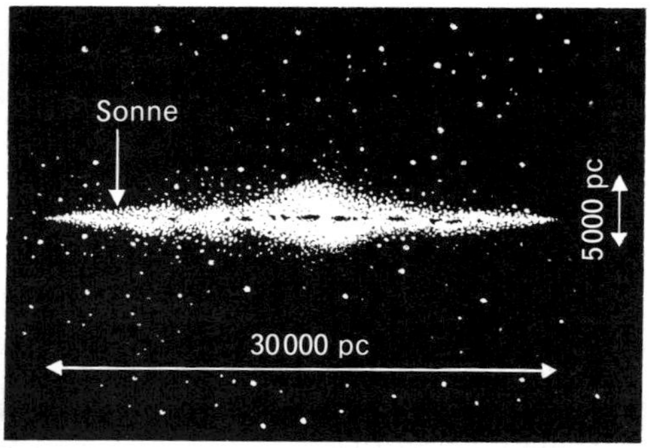

Bild 76/2 Schematischer Schnitt durch das Milchstraßensystem.
Die Sonne befindet sich etwa 8500 pc (rund 28000 ly) vom Zentralgebiet entfernt. Zwischen ihm und der Sonne lagern dichte Staubwolken.

Bild 76/3 Blick auf das Milchstraßensystem

Da wir uns innerhalb der Galaxis, und zwar in der Scheibe, befinden, bietet uns die Gesamtheit ihrer Sterne den Anblick eines schwach schimmernden Lichtbandes am nächtlichen Himmel, der **Milchstraße** (Beobachtungsaufgabe 12). ①
Vom Sonnensystem aus ist es sehr schwer, die Struktur und die Abmessungen der Galaxis zu ermitteln. HERSCHEL kam um 1800 als erster zu der Erkenntnis, daß die Sterne nicht gleichmäßig im Raum verteilt, sondern in einem flachen Gebilde angeordnet sind. Aber erst nach 1950 wurde es durch die Entwicklung der Radioastronomie möglich, Genaueres über die Spiralstruktur und das Zentralgebiet der Galaxis zu erfahren. Radiowellen, die von den Wasserstoffatomen im interstellaren Gas ausgesendet werden, können undurchsichtige Staubmassen durchdringen und so ein Bild der wegen des interstellaren Staubes optisch unbeobachtbaren Bereiche der Galaxis liefern. ②

Außergalaktische Sternsysteme

▶ **Außergalaktische Sternsysteme (Galaxien) sind Sternsysteme außerhalb unseres Milchstraßensystems.**

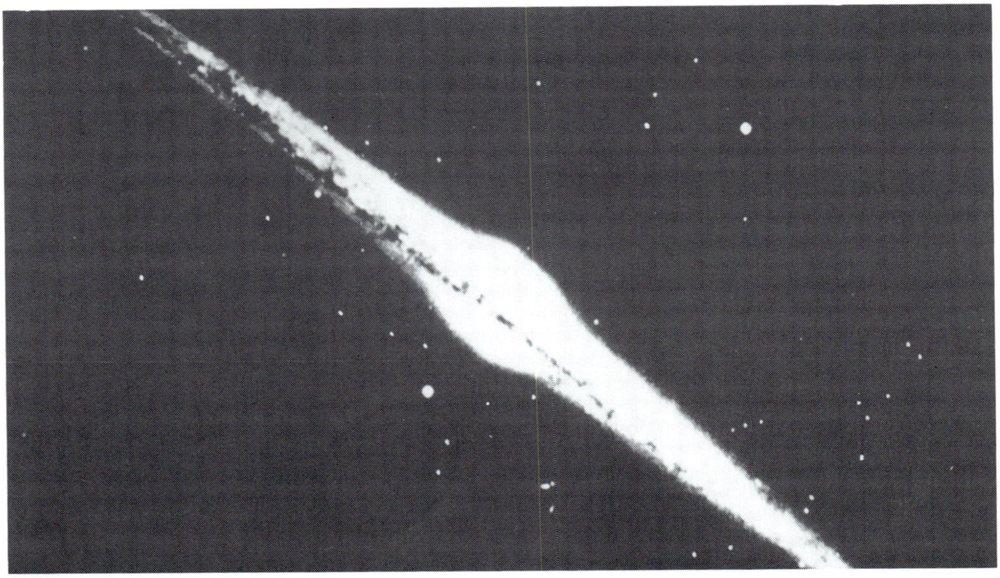

Bild 77/1 Spiralförmige Sternsysteme, die uns ihre Schmalseite zuwenden, lassen die zentrale Verdickung der Scheibe deutlich erkennen. Die dunklen Flecke nahe der Mittelebene sind undurchsichtige Staubwolken.

① Suchen Sie den für uns sichtbaren Teil der Milchstraße auf der Sternkarte auf! Durch welche Sternbilder verläuft die Milchstraße?

② Beschreiben Sie die Struktur der Galaxis, und ordnen Sie das Sonnensystem in die Galaxis ein!

 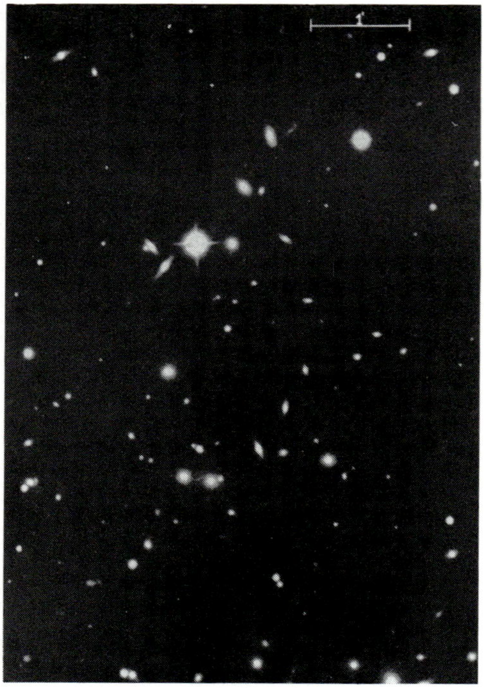

Bild 78/1 Zwei Sternsysteme ohne Spiralstruktur. Sie befinden sich in den Sternbildern Goldfisch und Tukan, die von Mitteleuropa aus nicht beobachtet werden können, weil sie dem Himmelssüdpol sehr nahe stehen. Beide Systeme sind Begleiter der Galaxis; das größere ist 50000 pc, das kleinere 60000 pc von der Galaxis entfernt.
Bild 78/2 Galaxienhaufen

Sie haben zum Teil ähnliche Formen und Abmessungen wie die Galaxis (Bild 74/1 und 77/1). Es gibt auch Sternsysteme, die keine Spiralarme besitzen (Bild 78/1). Durch Vergleich mit außergalaktischen Sternsystemen und durch radioastronomische Beobachtungen des interstellaren Gases wurde die Struktur unserer Galaxis ermittelt.
Ein der Galaxis benachbartes Sternsystem ist der Andromedanebel (Titelbild). (Die irreführende Bezeichnung „Nebel" ist historisch entstanden.) Wir sehen ihn bei schrägem Aufblick auf seine Scheibenebene aus etwa $2{,}3 \cdot 10^6$ ly Entfernung. Die meisten Sternsysteme sind in *Galaxienhaufen* vereinigt (Bild 78/2). Das sind Ansammlungen von einigen 100 bis zu mehreren 1000 Systemen. Die Galaxis und der Andromedanebel sind ebenfalls Mitglieder eines solchen Haufens.

Metagalaxis

▶ **Der gegenwärtig überblickbare und erforschbare Teil des Weltalls wird als Metagalaxis bezeichnet.**

Dieser Teil des Weltalls hat einen Radius von mehr als 10 Milliarden Lichtjahren (10^{10} ly). Die heutige Beobachtungsgrenze ist keine räumliche Grenze des Weltalls. Mit der Entwicklung von Wissenschaft und Technik werden Beobachtungen immer größerer Raumbereiche des Kosmos möglich.

Reichweite astronomischer Beobachtungsgeräte

Jahr	Reichweite	Beobachtungsgeräte
1940	1 Milliarde Lichtjahre	optische Teleskope
1970	5 Milliarden Lichtjahre	optische Teleskope
1972	8 Milliarden Lichtjahre	Radioteleskope
1978	10 Milliarden Lichtjahre	Radioteleskope
1981	15 Milliarden Lichtjahre	Radioteleskope

Im Jahre 1929 entdeckte der amerikanische Astronom EDWIN POWELL HUBBLE (1889 bis 1953) bei Auswertung der Spektralaufnahmen von Galaxien eine beachtliche Verschiebung der Spektrallinien zum langwelligen roten Bereich hin (Rotverschiebung). Nach der wissenschaftlichen Deutung dieser Rotverschiebung entfernen sich die Sternsysteme voneinander (Bild 79/1). Diese „Flucht" der Galaxien bedeutet eine **Ausdehnung (Expansion) der Metagalaxis.** Beobachtungen dieser Expansion zeigen, daß die von uns weiter entfernten Sternsysteme eine größere Fluchtgeschwindigkeit haben als die näher liegenden (Bild 79/2). Die Erklärung der Expansion der Metagalaxis geht auf Arbeiten des deutschen Physikers ALBERT EINSTEIN (1879 bis 1955) und des sowjetischen Mathematikers ALEXANDER A. FRIEDMANN (1888 bis 1925) zurück.

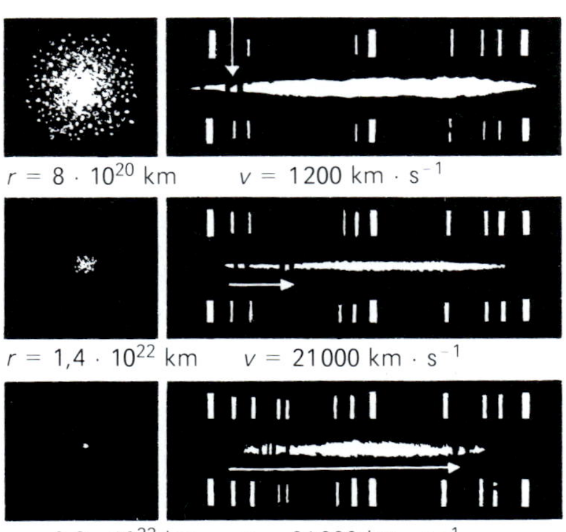

Bild 79/1 Rotverschiebung der Spektrallinien. In den Spektren entfernter Galaxien sind die Spektrallinien zum roten Ende des Spektrums hin verschoben. Der Betrag der Verschiebung ist um so größer, je weiter die Galaxien von uns entfernt sind.

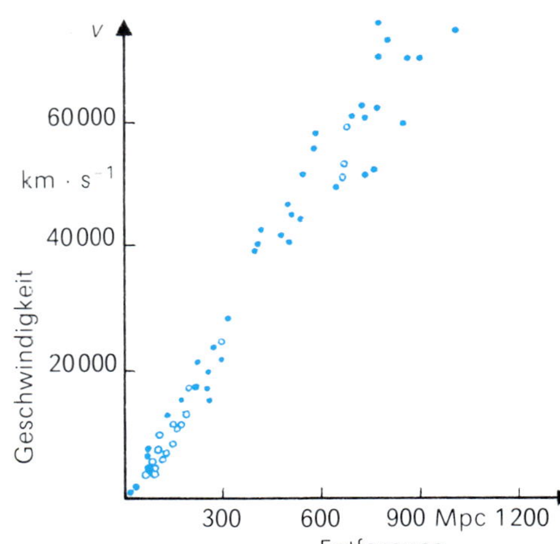

Bild 79/2 Zusammenhang zwischen Fluchtgeschwindigkeit v und Entfernung r der Galaxie

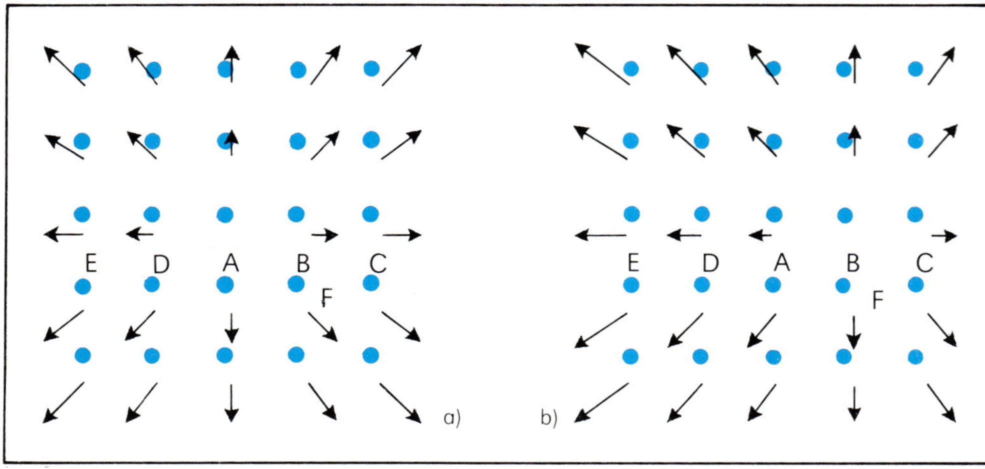

Bild 80/1 Galaxienflucht, wie sie der Beobachter in den Galaxien A und B wahrnimmt

Da sich die Sternsysteme voneinander entfernen, erscheint es einem Beobachter auf der Erde, als ob unser Milchstraßensystem der Mittelpunkt der Metagalaxis sei. Doch das ist ein Trugschluß. Unsere Galaxis nimmt keine bevorzugte Position im Kosmos ein. Ein Beobachter in einem anderen Sternsystem würde ebenfalls die „Flucht" der Galaxien feststellen können (Bild 80/1).
Aus den Entfernungen der Galaxien und den Geschwindigkeiten ihrer Bewegung läßt sich der Zeitpunkt berechnen, zu dem die Expansion begann. Er liegt etwa 20 Milliarden Jahre zurück. Zu dieser Zeit war die kosmische Materie sehr dicht und sehr heiß, sie bestand aus energiereicher Strahlung.
Den explosionsartigen Beginn der Expansion der Metagalaxis bezeichnet man häufig als **„Urknall"**. Durch die Expansion sanken Dichte und Temperatur der Materie im Kosmos auf die heutigen Beträge. 1965 wurde eine Radiowellenstrahlung entdeckt, die aus allen Richtungen gleichmäßig auf die Erde einfällt. Diese Strahlung stammt aus dem sehr heißen Anfangszustand der Metagalaxis und kühlte sich durch die Expansion ab. Gegenwärtig gleicht sie der Strahlung eines Körpers, dessen Temperatur etwa 3 K beträgt (Drei-Kelvin-Strahlung).
Die Wissenschaft ist heute noch nicht in der Lage, Aussagen über Eigenschaften der Materie im Kosmos und über die kosmische Entwicklung vor und zum Zeitpunkt des „Urknalls" sowie unmittelbar danach zu machen. Die Entwicklung könnte damals nach Naturgesetzen verlaufen sein, die heute noch nicht bekannt sind. Die Geschichte der Wissenschaft zeigt uns jedoch, daß der Mensch in der

Zeitpunkte in der Entwicklung in der Metagalaxis

vor	Vorgang
$20 \cdot 10^9$ Jahren	Urknall
$15 \cdot 10^9$ Jahren	Bildung der ältesten Galaxien und darin der ersten Sterne
$4{,}6 \cdot 10^9$ Jahren	Entstehung des Sonnensystems
$3{,}6 \cdot 10^9$ Jahren	erste Lebewesen auf der Erde
$3 \cdot 10^6$ Jahren	Herausbildung des Menschen

Lage ist, die Vorgänge in der Natur immer besser zu verstehen, weil er die zugrunde liegenden Gesetze erkennen kann. Unser heutiges Wissen ist das Ergebnis eines langen Prozesses, in dem auch immer neue Erkenntnisse über den Kosmos durch weiterentwickelte Forschungsmethoden und durch Anwendung ständig verbesserter technischer Mittel erarbeitet worden sind.
Auch gegenwärtig gibt es noch ungelöste Probleme. Hat die Expansion ewige Dauer oder kommt sie zum Stillstand? Tritt eine Umkehr zur Kontraktion ein? Diese und andere Fragen sind Triebkräfte für den weiteren Erkenntnisfortschritt in der Astronomie.

Zusammenfassung

Sternsystem	Ansammlung von rund 10^9 bis 10^{12} Sternen und großen interstellaren Wolken im Weltraum. Die Sonne gehört zu einem Sternsystem, dem Milchstraßensystem (der Galaxis).
Sternhaufen	Ansammlung physikalisch zusammengehöriger Sterne innerhalb eines Sternsystems. Man unterscheidet offene Sternhaufen und kugelförmige Sternhaufen.
Aufbau der Galaxis	Zentralgebiet Scheibe mit Spiralarmen Halo aus kugelförmigen Sternhaufen und Einzelsternen
außergalaktische Sternsysteme	Sternsysteme außerhalb der Galaxis, vielfach in Galaxienhaufen vereinigt
Metagalaxis	gegenwärtig überblickbarer und erforschbarer Teil des Weltalls

Wiederholung und Übung 10

Aufgaben und Forschungsmethoden

1. Erläutern Sie die Bedeutung der Radioastronomie für die astronomische Forschung!
2. Wie werden die Beobachtungsergebnisse in der astronomischen Forschung weiter ausgewertet?

Orientierung am Sternhimmel

3. Wie ist zu erklären, daß wir im Laufe eines Abends die Sterne nicht immer an der gleichen Stelle der Himmelskugel beobachten?
4. Ermitteln Sie mit Hilfe der drehbaren Sternkarte, welche Sternbilder am 10. März um 23 Uhr günstig zu beobachten sind! Geben Sie zu jedem Sternbild die Himmelsrichtung an, in der es sich zu diesem Zeitpunkt befindet!
5. Stellen Sie die drehbare Sternkarte für den 20. April, 21.00 Uhr, ein. Suchen Sie den Stern Regulus (Sternbild Löwe) auf der Sternkarte, und bestimmen Sie Azimut und Höhe des Sterns!
6. Wie heißt der Stern, der am 20. März um 22.00 Uhr unter einem Azimut von 48° und einer Höhe von 12° zu beobachten ist?
7. Wie lange ist der Stern Antares (im Sternbild Skorpion) am 5. Mai beobachtbar? Bestimmen Sie seine Aufgangs- und seine Untergangszeit!
8. Bestimmen Sie mit Hilfe der drehbaren Sternkarte den Namen eines von Ihnen beobachteten Sterns (und des dazugehörigen Sternbildes) (Beobachtungsaufgabe 2/2)!
9. Welche Sternbilder sind am 5. November um 21.00 Uhr in den Haupthimmelsrichtungen für uns sichtbar?
10. Zu welchem Zeitpunkt ist der Stern Sirius (Sternbild Großer Hund) am 10. Februar in möglichst großer Höhe zu beobachten?

Überblick über das Sonnensystem

11. Die nachfolgende Tabelle enthält Angaben eines Modells des Sonnensystems. Vergleichen Sie die „Modellabstände" der Planeten von der Sonne mit bekannten Entfernungen am Schulort! Übertragen Sie die Tabelle in ihr Heft! Tragen Sie die ermittelten Orte in die letzte Spalte der übertragenen Tabelle ein!

Himmelskörper	Durchmesser	Entfernung von der Sonne (gerundet)	Ort, bezogen auf den Schulort
Sonne	1,4 m		
Merkur	0,5 cm	60 m	
Venus	1,2 cm	100 m	
Erde	1,3 cm	150 m	
Mars	0,7 cm	250 m	
Jupiter	14,2 cm	800 m	
Saturn	12,1 cm	1,5 km	
Uranus	5,1 cm	3 km	
Neptun	5,0 cm	4,5 km	
Pluto	0,4 cm	6 km	

12. Warum bekämpfte die mittelalterliche Kirche das heliozentrische Weltbild? Belegen Sie mit zwei Beispielen, daß Anhänger des heliozentrischen Weltbildes im Mittelalter von der Inquisition verfolgt wurden!

Planeten

13. Nennen Sie die Keplerschen Gesetze und beschreiben Sie mit ihrer Hilfe die Bewegungen der Planeten!
14. Ermitteln Sie mit Hilfe des 3. Keplerschen Gesetzes näherungsweise den mittleren Sonnenabstand des Planeten Saturn, dessen Umlaufzeit 30 Jahre beträgt!
15. Erläutern Sie die scheinbare jährliche Bewegung der Sonne! Warum sieht man an einem Winterabend zur gleichen Uhrzeit andere Sternbilder als an einem Sommerabend?
16. Ein Schüler behauptet, daß die Entstehung der Jahreszeiten durch den unterschiedlichen Abstand der Erde von der Sonne zu erklären sei. Nehmen Sie dazu Stellung!
17. Wie läßt sich die von Ihnen beobachtete Lichtgestalt der Venus (Beobachtungsaufgabe 4/1) erklären?
18. Vergleichen Sie a) die Radien, b) die Massen und c) die mittleren Dichten der Planeten! Ordnen Sie die Planeten in zwei Gruppen, und ergänzen Sie die folgende Tabelle (verwenden Sie zur Kennzeichnung des Vergleichs die Begriffe „groß" und „klein")!

Planeten	Radius	Masse	mittlere Dichte

19. Berechnen Sie die Gravitationskräfte zwischen Sonne und Erde!

Der Mond

20. Erklären Sie, daß von einem bestimmten Beobachtungsort auf der Erde nur selten eine Sonnenfinsternis, aber sehr viel häufiger eine Mondfinsternis zu beobachten ist! Nutzen Sie dazu die Bilder 40/1 und 40/2!
21. Erklären Sie die starken Temperaturschwankungen auf dem Mond!
22. Vergleichen Sie die Gravitationskräfte, die a) die Sonne, b) der Mond auf einen Körper ausüben, der eine Masse von 1 kg hat und sich auf der Erdoberfläche befindet!
23. Warum sind auf der Erde sehr viel weniger Meteoriteneinschläge nachweisbar als auf dem Mond?
24. Welche Folgerungen können Sie aus der geringen Fallbeschleunigung auf dem Mond ziehen?
25. Welche physikalischen Erscheinungen sind auf dem Mond wegen der fehlenden Atmosphäre anders als auf der Erde?

Raumfahrt

26. Erläutern Sie die wissenschaftlich-technische und die ökonomische Bedeutung der Raumfahrt!
27. Erläutern Sie den Satz „Ziel der Raumfahrt ist die Erde." anhand der Hauptaufgaben der Raumfahrt und an einem aktuellen Beispiel!
28. Informieren Sie sich über aktuelle Raumfahrtereignisse! Welchem Zweck dienen die jeweiligen Unternehmungen?

Die Sonne

29. Vergleichen Sie den Sonnenradius und die Sonnenmasse mit den entsprechenden Werten für die Erde!
30. Ein in der Photosphäre befindlicher Körper würde mit einer Beschleunigung von $274 \text{ m} \cdot \text{s}^{-2}$ zur Sonne fallen. Vergleichen Sie diesen Wert mit der Fallbeschleunigung an der Erdoberfläche! Welche Gewichtskräfte hätte ein Körper mit einer Masse von 50 kg a) auf der Sonne und b) auf dem Mond?
31. Wie lange sind Protonen aus der Teilchenstrahlung der Sonne zur Erde unterwegs, wenn ihre Geschwindigkeit $400 \text{ km} \cdot \text{s}^{-1}$ beträgt?
32. Wie groß sind die Zeitabstände zwischen dem gehäuften Auftreten der Polarlichter auf der Erde?
33. Erläutern Sie die Auswirkungen der Sonnenstrahlung auf den erdnahen Raum, die Erde und das Leben!
34. Entnehmen Sie aus Bild 58/1, welche Wellenarten nur von Raumflugkörpern aus untersucht werden können!
35. Das Fernrohrbild der Sonne (↗ Bild 55/1) hat einen Durchmesser von 55 mm. In diesem Bild beträgt der Durchmesser der großen Sonnenfleckengruppe 6 mm. Vergleichen Sie den Durchmesser dieses Sonnenflecks mit dem Erddurchmesser!

Sterne

36. Die Parallaxe des Sterns Mizar (im Großen Bären) beträgt 0,04″. Wie weit ist der Stern vom Sonnensystem entfernt? Wie lange ist das Licht von diesem Stern zur Erde unterwegs?
37. Mit Raketen heutiger Bauart kann ein Raumschiff eine Geschwindigkeit von rund 1/20000 der Lichtgeschwindigkeit erreichen. Der nach der Sonne uns nächstgelegene Stern ist 4,2 ly entfernt. Beurteilen Sie die realen Möglichkeiten eines „Fluges zu den Sternen"!
38. Zeichnen Sie die in der folgenden Tabelle benannten Sterne in ein Hertzsprung-Russell-Diagramm ein, und vergleichen Sie Radien, Massen und mittlere Dichten dieser Sterne mit den entsprechenden Größen der Sonne!

Stern	**Photosphärentemperatur** T in K	**Leuchtkraft** P_{Str} in $P_{Str\odot}$
Atair	8000	10
Deneb	9500	9400
Wega	9900	50

39. Vergleichen Sie die Leuchtkräfte, Radien und mittleren Dichten der Riesensterne mit denen der Weißen Zwerge!
40. Erklären Sie, daß Sterne, die man im Hertzsprung-Russell-Diagramm als „Riesen" bezeichnet, tatsächlich größere Radien haben als die Hauptreihensterne gleicher Temperatur!
41. Erklären Sie, daß ein Weißer Zwerg gleicher Leuchtkraft wie ein Hauptreihenstern eine höhere Photosphärentemperatur hat!
42. Erläutern Sie den Zusammenhang zwischen Leuchtkraft und Photosphärentemperatur an einem Hauptreihenstern!
43. Während die Verschmelzung von Wasserstoff- zu Heliumkernen bereits bei 10^7 K abläuft, setzt die Fusion von Heliumkernen zu schwereren Atomkernen eine Temperatur von etwa 10^8 K voraus. Geben Sie dafür eine Erklärung!
44. Vergleichen Sie die Sonne, den Riesenstern Aldebaran und den Weißen Zwerg Prokyon B hinsichtlich der Entwicklungsphasen, in denen sich diese Sterne befinden!
45. Beschreiben Sie die Entstehung und Entwicklung eines Planeten!

Sternsysteme und Metagalaxis

46. Die fernsten mit heutiger Technik beobachtbaren kosmischen Objekte sind 10^{10} ly von der Erde entfernt. Vor wieviel Jahren wurde die Strahlung ausgesandt, die wir heute von diesen Objekten beobachten?
47. Wie könnte die irreführende Bezeichnung „Nebel" für viele Sternsysteme (z. B. „Andromedanebel") zustande gekommen sein?

Wichtige Hinweise:

1. Für jede Beobachtung sind bereitzuhalten: Lehrbuch, drehbare Sternkarte, vorbereitetes Protokoll, Schreibgeräte, Taschenlampe, Uhr.
2. Die Mehrzahl der Beobachtungen erfordert eine Vorbereitung und eine Auswertung. Die Beobachtungsergebnisse werden protokolliert. Um die Anfertigung von Skizzen zu erleichtern, werden zwei Schablonen vorbereitet. Schablone 1 dient als Hilfsmittel zur Anlage von Horizontskizzen (Bild 86/1), Schablone 2 umzeichnet das Gesichtsfeld bei Fernrohrbeobachtungen (Bild 86/2). Bei der Lösung der Aufgabe 6 wird diese Schablone als Mondumriß genutzt.

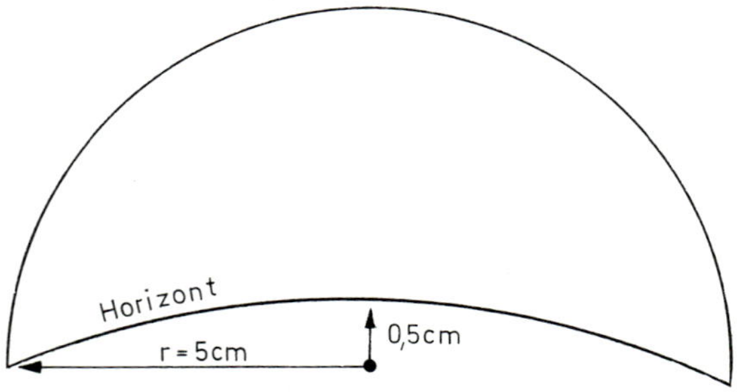

Bild 86/1

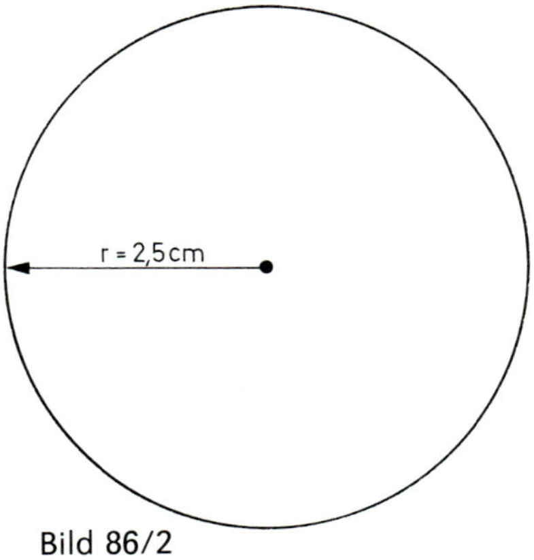

Bild 86/2

(Die Radien für die Schablonen können auch größer gewählt werden.)

3. Für alle Beobachtungen sind Datum, Uhrzeit und Sichtverhältnisse (Luftunruhe, Bewölkung) anzugeben.

1 Sterne und Sternbilder

Vorbereitung

1. Suchen Sie auf der drehbaren Sternkarte die Sterne Atair, Wega und Deneb auf!
2. Benennen Sie diese drei Sterne und die zugehörigen Sternbilder auf der Arbeitskarte „Nördlicher Sternhimmel“!
   Verbinden Sie diese drei Sterne zum „Sommerdreieck“!
3. Prägen Sie sich die Namen der Sterne des „Sommerdreiecks“ und ihre Lage zueinander ein!
4. Suchen Sie das Sternbild Kassiopeia auf der drehbaren Sternkarte auf!
5. Fertigen Sie einen Umriß der Schablone 1 an!

Beobachtungen *(mit dem bloßen Auge)*

1/1 Suchen Sie das Sternbild Großer Bär an der scheinbaren Himmelskugel auf! Skizzieren Sie die Hauptsterne dieses Sternbildes! (Die Hauptsterne des Großen Bären werden auch als Großer Wagen bezeichnet.)
1/2 Bestimmen Sie den Ort des Polarsterns! Tragen Sie diesen in die gleiche Skizze ein! Legen Sie den Nordpunkt und die Haupthimmelsrichtungen am Horizont fest, und markieren Sie den Nordpunkt in der Skizze!
1/3 Verbinden Sie den mittleren „Deichselstern" des Großen Wagens in Gedanken mit dem Polarstern! Verlängern Sie diese Linie über den Polarstern hinaus bis zum Sternbild Kassiopeia!
1/4 Suchen Sie mit Hilfe der drehbaren Sternkarte das „Sommerdreieck" an der scheinbaren Himmelskugel auf!

Auswertung

1. Bezeichnen Sie auf der Arbeitskarte „Nördlicher Sternhimmel" den Großen Wagen, den Polarstern und das Sternbild Kassiopeia!
2. Wo finden wir das Sternbild Kassiopeia, wenn der Große Wagen a) östlich vom Polarstern oder b) westlich vom Polarstern oder c) nahe dem Zenit steht?

2 Die scheinbare Bewegung der Himmelskugel

Vorbereitung

Fertigen Sie einen Umriß der Schablone 1 an!

Beobachtungen *(mit dem bloßen Auge)*

2/1 Skizzieren Sie von Ihrem Standort aus im Umriß einige auffallende Konturen (z. B. Häuser, hohe Bäume usw.) am Horizont!
2/2 Suchen Sie einen hellen Stern (in möglichst geringer Höhe über dem Horizont)! Markieren Sie in der Umrißskizze seinen Ort und das Sternbild, zu dem er gehört!
2/3 Bestimmen Sie zur Feststellung der Veränderung des Sternortes eine der Haupthimmelsrichtungen am Horizont (↗ Beobachtung 1/2)!
2/4 (Nach etwa 45 Minuten zu lösen): In welche Himmelsrichtung hat sich der Ort des Sterns (und die Lage des Sternbildes) an der scheinbaren Himmelskugel verändert? Orientieren Sie sich dabei auch an den Konturen des Horizonts (Eintragung in den gleichen Umriß)!

Auswertung

Erklären Sie die beobachtete Veränderung des Sternortes!

3 Astronomische Koordinaten

Vorbereitung

1. Bereiten Sie eine Tabelle nach folgendem Muster vor:

Stern	Horizont-koordinaten	geschätzt	gemessen	nach der Stern-karte ermittelt
1.	a h			
2.	a h			
3.	a h			

2. Ermitteln Sie mit Hilfe des Schulatlasses die geographische Breite Ihres Schulortes!

Beobachtungen *(mit dem bloßen Auge und dem Schulfernrohr)*

3/1 Tragen Sie die Namen von drei (vorgegebenen) Sternen in die Tabelle ein! Schätzen Sie die Azimute *a* und die Höhen *h* dieser drei Sterne! Notieren Sie die Schätzwerte in der Tabelle!

3/2 Lesen Sie Azimut *a* und Höhe *h* eines der drei ausgewählten Sterne an den Skalen des eingestellten Beobachtungsgerätes ab! Ergänzen Sie die Tabelle!

3/3 Messen Sie die Höhe *h* des Polarsterns!

Auswertung

1. Ermitteln Sie die Azimute *a* und die Höhen *h* der drei Sterne mit Hilfe der drehbaren Sternkarte! Vervollständigen Sie die Tabelle!
2. Vergleichen Sie die geographische Breite Ihres Schulortes mit der gemessenen Höhe *h* des Polarsterns!

4 Planeten

Vorbereitung

Fertigen Sie je einen Umriß der Schablonen 1 und 2 an!

Venus

Beobachtung *(mit dem Schulfernrohr)*

4/1 Beobachten Sie die Venus! Skizzieren Sie die beobachtete Lichtgestalt (Schablone 2)!

Auswertung

1. Erklären Sie, warum die Venus nur als Morgen- oder Abendstern gesehen werden kann!
2. Überlegen Sie, ob es weitere Planeten gibt, die unterschiedliche Lichtgestalten zeigen!

Mars

(Hinweis: Der Lehrer teilt Ihnen mit, in welchem Sternbild der Planet Mars zu finden ist.)

Beobachtungen *(mit dem bloßen Auge)*

4/2 Suchen Sie mit Hilfe der drehbaren Sternkarte den Planeten an der scheinbaren Himmelskugel auf!
Suchen Sie einen hellen Stern in der Umgebung des Planeten! Stellen Sie mit Hilfe der drehbaren Sternkarte den Namen dieses Sterns fest, und skizzieren Sie beide Objekte in den Umriß (Schablone 1)!
Beobachten Sie den Mars nach drei bis vier Wochen vom gleichen Standort aus! Überprüfen Sie, in welcher Richtung sich der Ort des Mars gegenüber dem gleichen hellen Stern in seiner Umgebung verändert hat!
Halten Sie das Beobachtungsergebnis im gleichen Umriß fest!
Vergleichen Sie mit dem ersten Beobachtungsergebnis!

Auswertung

Erklären Sie die beobachtete Veränderung des Marsortes relativ zu den Sternen!

Jupiter

Beobachtung *(mit dem Schulfernrohr)*

4/3 Beobachten Sie den Jupiter und die hellen Jupitersatelliten! Skizzieren Sie das Beobachtungsergebnis (Schablone 2)!

Auswertung

Maximal können mit unserem Beobachtungsgerät vier helle Jupitersatelliten beobachtet werden. Erklären Sie, warum davon einzelne Satelliten zeitweilig nicht zu sehen sind!

Saturn

Beobachtung *(mit dem Schulfernrohr)*

4/4 Beobachten Sie den Saturn und sein Ringsystem! Skizzieren Sie das Beobachtungsergebnis (Schablone 2)!

Auswertung

1. Überprüfen Sie, ob das Beobachtungsergebnis in bezug auf die Stellung des Ringsystems mit den Aussagen des Bildes 34/1 übereinstimmt!
2. Erklären Sie, warum das Ringsystem des Saturn einen unterschiedlichen Anblick bieten kann!

5 Mondbewegungen und Mondphasen

Vorbereitung

1. Fertigen Sie zwei Umrisse der Schablone 1 an!
2. Suchen Sie sich einen Standort, der Ihnen in Richtung auf den Mond freies Blickfeld bietet! Zeichnen Sie in die Umrisse einige markante Konturen am Horizont ein (z. B. Häuser, Bäume o. ä.)!
3. Geben Sie den Standort an, von dem aus Sie Ihre Beobachtungen durchführen!
4. Wenn Sie die Beobachtungen gemeinsam mit anderen Schülern durchführen, geben Sie deren Namen in Ihrem Protokoll an!

Beobachtungen *(mit dem bloßen Auge)*

1. Beobachtung

5/1 Beobachten Sie den Mond und skizzieren Sie den Mondort im ersten Umriß über den Horizontkonturen (Monddurchmesser 10 mm)!
Beachten Sie beim Skizzieren die Lichtgestalt (Mondphase)!

5/2 Wiederholen Sie die Beobachtung etwa eine Stunde später! Skizzieren Sie den Mond erneut über den Horizontkonturen im gleichen Umriß! Bestimmen Sie die Haupthimmelsrichtungen (vgl. Beobachtung 1/2)! Welche Ortsveränderung (Himmelsrichtung) des Mondes stellen sie fest?

2. Beobachtung (ein bis vier Tage später)

5/3 Wiederholen Sie die Beobachtung des Mondes zur gleichen Uhrzeit (↗ Beobachtungen 5/1 oder 5/2) und vom gleichen Standort aus!

5/4 Welche Veränderung des Mondortes stellen Sie im Vergleich zur ersten Beobachtung fest? Orientieren Sie sich dabei an den Horizontkonturen und ermitteln Sie die Himmelsrichtung!

5/5 Skizzieren Sie den Mondort in den zweiten Umriß und beachten Sie dabei die Änderung der Lichtgestalt (Mondphase)!

Auswertung

1. Vergleichen Sie die Änderungen des Mondortes!
2. Erklären Sie die Änderungen der Lichtgestalt (Mondphase) (↗ Bild 39/1)!

6 Die Mondoberfläche

Vorbereitung

Fertigen Sie einen Umriß der Schablone 2 an!

Beobachtung *(mit dem bloßen Auge)*

6/1 Beobachten Sie die Oberfläche des Vollmondes! Skizzieren Sie mindestens drei der beobachtbaren dunklen Gebiete in den Mondumriß! Beziffern Sie diese!

Auswertung

Bestimmen Sie mit Hilfe der Mondkarte die Namen der beobachteten dunklen Gebiete! Beschriften Sie diese in der Skizze!

Beobachtung *(mit dem Schulfernrohr)*

6/2 Beobachten Sie mit dem Schulfernrohr die gleichen dunklen Gebiete genauer! Welche Oberflächenformen sind außer den dunklen und hellen Gebieten zu erkennen?

7 Die Oberfläche der Sonne

Arbeitsschutzbelehrung

Für die Beobachtung der Sonne wird aus Sicherheitsgründen das Bild der Sonne oder ihr Spektrum projiziert! Versuchen Sie niemals, mit ungeschütztem Auge oder gar durch das Fernrohr in Richtung Sonne zu sehen! Schwere Augenschäden wären die unausbleibliche Folge! Auch andere Hilfsmittel (z. B. mit Ruß geschwärzte Glasscheiben, Sonnenbrillen o. ä.) dürfen zu Sonnenbeobachtungen nicht genutzt werden. Sie sind kein ausreichender Schutz für die Augen!

Beobachtungen *(mit dem Sonnenprojektionsschirm des Schulfernrohrs)*

7/1 Beobachten Sie die Oberfläche der Sonne! Welche Erscheinungen sind auf der Sonnenoberfläche zu erkennen?

7/2 Bestimmen Sie den Durchmesser des größten beobachtbaren Sonnenflecks! Vergleichen Sie ihn mit dem Durchmesser der Erde! (Bei $f_{ok} = 25$ mm entspricht 1 mm des Bildes 12000 km im Original!)

7/3 Beobachten Sie das Sonnenspektrum!

Auswertung

Erklären Sie die schnelle Wanderung des Sonnenbildes über den Sonnenprojektionsschirm!

8 Scheinbare Helligkeit der Sterne

Vorbereitung

Bereiten Sie eine Übersicht nach folgendem Muster vor:

	Ziffernfolge
sehr helle Sterne	
helle Sterne	
weniger helle Sterne	

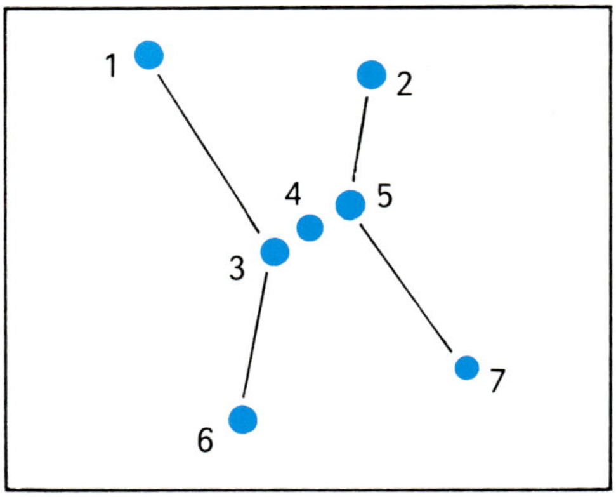

Bild 92/1 Sternbild Orion

Beobachtungen *(mit dem bloßen Auge)*

8/1 Suchen Sie mit Hilfe der drehbaren Sternkarte das Sternbild Orion (Bild 92/1) an der scheinbaren Himmelskugel auf!

8/2 Ordnen Sie die sieben Einzelsterne nach ihrer scheinbaren Helligkeit! Nutzen Sie die Ziffern der vorgegebenen Skizze des Sternbildes!

Auswertung

Wovon hängt die unterschiedliche scheinbare Helligkeit der Sterne ab?

9 Sternfarben

Vorbereitung

1. Suchen Sie auf der drehbaren Sternkarte die in der Skizze des „Wintersechsecks" nicht benannten Sterne (1 bis 4) auf, und stellen Sie ihre Namen fest (Bild 93/1)!
2. Bereiten Sie eine Tabelle (S. 93) vor, und tragen Sie die Namen der vier Sterne ein!

Beobachtungen *(mit dem bloßen Auge)*

9/1 Suchen Sie das „Wintersechseck" an der scheinbaren Himmelskugel auf!

9/2 Bestimmen Sie die Farben des Lichtes dieser vier Sterne, und tragen Sie diese in die Tabelle ein!

Name des Sterns	Sternbild	Farbe	Photosphärentemperatur
1	Fuhrmann		
2	Stier		
3	Orion		
4	Orion		

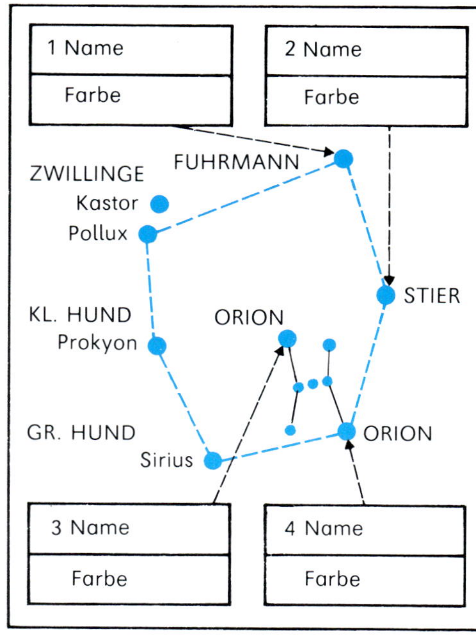

Bild 93/1 Wintersechseck

Auswertung

1. Wodurch kommen die unterschiedlichen Sternfarben zustande?
2. Ermitteln Sie die ungefähren Photosphärentemperaturen dieser Sterne! Ergänzen Sie die Tabelle (↗ Farbtafel, Bild 5)!
3. Warum sind am Winterhimmel andere Sternbilder zu beobachten als am Herbsthimmel (↗ Beobachtung 1/4)?

10 Doppelsterne

Vorbereitung

1. Fertigen Sie je einen Umriß der Schablonen 1 und 2 an!
2. Skizzieren Sie den Großen Wagen mit Hilfslinien (↗ Beobachtung 1/1, Schablone 1)!

Beobachtungen *(mit dem bloßen Auge und dem Schulfernrohr)*

10/1 Beobachten Sie den Stern Mizar mit bloßem Auge! Sie finden in seiner unmittelbaren Nähe den Stern Alkor („Augenprüfer")! Markieren Sie den Stern Alkor im Großen Wagen (Schablone 1)!

10/2 Beobachten Sie Mizar und Alkor im Fernrohr! Skizzieren Sie den Fernrohranblick (Schablone 2)!

10/3 Beobachten Sie Mizar im Fernrohr genauer! Sie erkennen Mizar als Doppelstern! Markieren Sie in der Skizze den helleren Stern mit A und den dunkleren mit B!

11 Sternhaufen

Vorbereitung

1. Suchen Sie auf der drehbaren Sternkarte den Stern Aldebaran (Stier) auf (Bild 93/1)!
2. In der Nähe des Aldebaran befinden sich die Plejaden („Siebengestirn"). Benennen Sie beide Objekte auf der Arbeitskarte „Nördlicher Sternhimmel"!

Beobachtungen *(mit dem bloßen Auge und dem Schulfernrohr)*

11/1 Beobachten Sie, wie viele Einzelsterne der Plejaden mit bloßem Auge zu erkennen sind!
11/2 Schätzen Sie die Anzahl der im Fernrohr sichtbaren Sterne!
11/3 Überprüfen Sie, ob ein zentrales Ballungsgebiet von Sternen zu erkennen ist!

Auswertung

1. Welche Arten von Sternhaufen gibt es in unserer Galaxis?
2. Zu welcher Art von Sternhaufen sind die Plejaden zu zählen?

12 Die Milchstraße

Beobachtung *(mit dem bloßen Auge und dem Schulfernrohr)*

12/1 Beobachten Sie die Milchstraße! Benennen Sie mit Hilfe der drehbaren Sternkarte die Sternbilder, die im Bereich der Milchstraße liegen!

Auswertung

Beschriften Sie die im Bereich der Milchstraße erkannten Sternbilder auf der Arbeitskarte „Nördlicher Sternhimmel"!

Quellenverzeichnis der Abbildungen

Darrenberg: 57/1 · Günther, Potsdam: 11/1b, 77/1 · Kombinat VEB Carl Zeiss JENA: 5/1 · Nowa Doba, Bautzen: 47/1, 74/1, 76/1 · „Nowosti": 46/1 · Richter, Jena: 9/1 · Schwinge, Bautzen: 37/1, 53/1, 56/1 · Sternwarte Sonneberg: 75/1, 78/1, Umschlag · VWV/Archiv: 6/1, 6/2, 9/2, 9/3a, 9/3b, 11/1a, 20/1, 22/1, 28/1, 35/2, 44/1, 46/2, 55/1, 56/2, 62/1, 65/1, 70/1, 75/2 · ZB: 35/1, 42/1, 42/2, 44/2, 44/3, 45/1, 46/3, 47/3, 51/1 · Zentralinstitut für Astrophysik, Potsdam: 27/1, 78/2 · Zentralinstitut für Astrophysik, Tautenburg: 7/1

Register